Adrián Utreras
Jorge Guallichico

Diseño e implementación de un sistema de navegación inercial

Adrián Utreras
Jorge Guallichico

Diseño e implementación de un sistema de navegación inercial

para estimar la posición de un robot móvil

PUBLICIA

Imprint
Any brand names and product names mentioned in this book are subject to trademark, brand or patent protection and are trademarks or registered trademarks of their respective holders. The use of brand names, product names, common names, trade names, product descriptions etc. even without a particular marking in this work is in no way to be construed to mean that such names may be regarded as unrestricted in respect of trademark and brand protection legislation and could thus be used by anyone.

Cover image: www.ingimage.com

Publisher:
PUBLICIA
is a trademark of
International Book Market Service Ltd., member of OmniScriptum Publishing Group
17 Meldrum Street, Beau Bassin 71504, Mauritius

Printed at: see last page
ISBN: 978-3-639-64732-7

AGRADECIMIENTO

Agradezco a mis padres por haberme brindado el apoyo necesario a lo largo de mi vida académica, a mi madre por apoyarme emocionalmente en todo momento y a mi padre por estar conmigo siempre que lo he necesitado.

A mi amigo y compañero Jorge Guallichico, por su amistad, paciencia y dedicación, sin lo cual no hubiese sido posible realizar este proyecto de titulación.

A mi director, MSc. Patricio Burbano por interesarse en este proyecto de titulación, brindándonos su conocimiento, su experiencia y sus consejos para concluir el presente trabajo.

A mi co-director, Dr. Andrés Rosales por su confianza brindada, su apoyo y su buena energía a lo largo del proceso de ejecución de este trabajo.

Al director del proyecto UAV (Unmanned Aerial Vehicle), Dr. Eduardo Ávalos por otorgarnos todas las facilidades para la elaboración del sistema de navegación inercial.

A mis amigos, por escucharme, comprenderme y darme ánimos en los bueno y malos momentos, ya que ellos siempre han sido testigos de mis triunfos en la vida.

Carlos Adrián Utreras

AGRADECIMIENTO

Agradezco a todos quienes me apoyaron durante, mi vida académica especialmente a mi madre quién con su esfuerzo me ha enseñado que el trabajo duro y constante siempre da sus frutos.

A mi padre y a mi hermana con quienes siempre pudo contar cuando necesito ayuda o un consejo.

A los grandes amigos que encontré con el paso de los años especialmente, a los de mi vida universitaria, quienes compartieron sus experiencias conmigo y me ayudaron a ser una mejor persona.

A mis profesores que en las aulas dejaron su conocimiento depositado en mi persona y que me enseñaron el valor de superarse profesionalmente con el esfuerzo y dedicación propia.

Al MSc. Patricio Burbano director del proyecto, por todo el tiempo que dedicó al desarrollo del proyecto, por la ayuda y las facilidades proporcionadas para que el proyecto pudiera ser llevado a cabo.

Al Dr. Andrés Rosales co-director del proyecto, por toda la ayuda brinda a lo largo del desarrollo del proyecto de titulación, por su tiempo y por ser con los estudiantes antes que un catedrático un amigo con el cual puedes contar.

Jorge David Guallichico

DEDICATORIA

Dedico este proyecto a mis padres Rosa y Carlos por el cariño que me han brindado y por haber sido parte de todos los logros realizados en mi vida, también al MSc. Patricio Burbano, Dr. Andrés Rosales y Dr. Eduardo Ávalos por la confianza que depositaron en mi persona, y a mis seres queridos por siempre apoyarme.

Carlos Adrián Utreras

DEDICATORIA

A mi madre quien fue la inspiración en mi vida para luchar día a día, a la memoria de mi abuelita quien estuvo a mi lado hasta sus últimos días y a todas las personas quienes forman parte de mi vida y de quienes sigo aprendiendo, nuevas cosas cada día de mi vida.

Jorge David Guallichico

CONTENIDO

RESUMEN xiii

PRESENTACIÓN xiv

CAPÍTULO 1 1

MARCO TEÓRICO 1

1.1. SISTEMA DE NAVEGACIÓN INERCIAL 1

1.1.1. CONFIGURACIÓN DEL SISTEMA INERCIAL 1

1.1.1.1. Gimballed (ejes flotantes) 2

1.1.1.1.1. Referencia Inercial 3

1.1.1.1.2. Referencia terrestre 3

1.1.1.2. Strapdown (ejes fijos) 3

1.2.2. SISTEMAS DE COORDENADAS 4

1.2.2.1. Sistema de Coordenada Inercial Verdadero 4

1.2.2.2. Sistema de Coordenadas ECI (Earth Centered Inertial) 5

1.2.2.3. Sistema de Coordenadas ECEF (Earth - Earth Centered - Fixed) 5

1.2.2.4. Sistema de Coordenadas de Navegación (n-frame) 5

1.2.2.5. Sistema de Coordenadas Body (b-frame) 6

1.2. UNIDAD DE MEDIDAS INERCIALES (IMU) 7

1.2.1. ACTITUD Y ORIENTACIÓN 7

1.2.1.1. Componentes de AHRS 7

1.2.1.2. Ángulos de Euler 8

1.3. SENSORES 8

1.3.1. ACELERÓMETRO 8

1.3.2. GIROSCOPIO 9

1.3.3. MAGNETÓMETRO 10

1.3.4. GLOBAL POSITIONING SYSTEM (GPS) 11

1.3.4.1. Parámetros de un GPS 11

1.3.4.2. Funcionamiento de un GPS 11

1.4. FILTRO DE KALMAN (FK) 12

1.4.1. ECUACIONES DE KALMAN.. 12
1.4.2. FILTRO DE KALMAN EXTENDIDO (FKE).. 14
1.5 UNMANNED AERIAL VEHICLE (UAV).. 15
1.5.1 AUTOPILOTO.. 16

CAPÍTULO 2... 17
DISEÑO Y CONSTRUCCIÓN DEL HARDWARE.. 17
2.1. DESCRIPCIÓN Y CARACTERÍSTICAS DE LOS SENSORES EMPLEADOS.. 17
2.1.1 ESPECIFICACIONES TÉCNICAS DEL SENSOR LSM303DLM............ 17
2.1.2 ESPECIFICACIONES TÉCNICAS DEL SENSOR 6DOF DIGITAL.......... 18
2.2. PROTOCOLOS DE COMUNICACIÓN EMPLEADOS............................ 18
2.2.1 COMUNICACIÓN ENTRE SENSORES Y MICROCONTROLADOR...... 19
2.2.2 COMUNICACIÓN ENTRE EL MICRONTROLADOR Y LA PC............ 20
2.2.3 PROTOCOLO DE COMUNICACIÓN DEL GPS.................................. 21
2.3 DISTRIBUCIÓN DE LOS SENSORES EN LA PLATAFORMA MÓVIL.... 21
2.3.1 CAMBIO DE COORDENADAS DE BODY A NAVEGACIÓN............... 23
2.4. SISTEMA DE MEDICIÓN DE ACTITUD... 25
2.5. SISTEMA DE MEDICIÓN DE ORIENTACIÓN.. 25
2.5.1 CALCULO DE ORIENTACIÓN SIN COMPENSACIÓN DE INCLINACIÓN.. 26
2.5.2. CÁLCULO DE ORIENTACIÓN CON COMPENSACIÓN DE INCLINACIÓN.. 27
2.6. SISTEMA DE MEDICIÓN DE POSICIÓN... 28
2.7 ENSAMBLAJE DE LA PLATAFORMA... 30
2.8 INSTALACIÓN DEL INS EN UN UAV... 31

CAPÍTULO 3... 36
DESARROLLO DEL SISTEMA DE NAVEGACIÓN INERCIAL....................... 36
3.1. CÁLCULO DE LA ACTITUD... 37
3.1.1. LINEAR WEIGHTED MOVING AVERAGE (LWMA)........................ 39
3.1.2. MÉTODO DE RUGEN-KUTTA (RK)... 41
3.1.3. FILTRO DE KALMAN EXTENDIDO.. 43

3.2. CÁLCULO DE LA ORIENTACIÓN.. 46
3.3. CÁLCULO DE LA POSICIÓN.. 47

CAPÍTULO 4.. 49
DESARROLLO DEL HMI DEL SISTEMA DE NAVEGACIÓN INERCIAL.... 49
4.1. SOFTWARE HMI.. 49
4.1.1. ENTORNO DE PROGRAMACIÓN DE LABVIEW........................ 50
4.1.2. PRINCIPALES CARACTERÍSTICAS DE LABVIEW........................ 50
4.2 DESARROLLO DEL HMI PARA EL SISTEMA DE NAVEGACIÓN INERCIAL UTILIZANDO LABVIEW.. 52
4.2.1 VI PARA LA ADQUISICIÓN DE DATOS........................ 52
4.2.2. VI PARA LA VISUALIZACIÓN DE LOS ÁNGULOS DE EULER CON UN OBJETO EN 3D.. 54
4.2.3 VI PARA CALIBRACIÓN DEL MAGNETÓMETRO Y UBICACIÓN DEL NORTE MAGNÉTICO.. 56
4.2.4 VI PARA LA ESTIMACIÓN DE LA POSICIÓN DE LA PLATAFORMA... 58
4.2.5 VI PARA LA VISUALIZACIÓN DEL DESPLAZAMIENTO EN EL PLANO XY.. 60
4.2.6 VI PARA EL POSICIONAMIENTO POR GPS........................ 60
4.2.7 PANEL FRONTAL DEL HMI.. 61
4.2.7.1 Adquisición de datos.. 62
4.2.7.2 Sistema de Actitud.. 63
4.2.7.3 Sistema de Posición.. 64
4.2.7.4 Sistema de Orientación.. 65
4.2.7.5 Posicionamiento por GPS.. 66
4.2.7.6 Modo de Pruebas.. 67

CAPÍTULO 5.. 69
PRUEBAS Y RESULTADOS EN UN VEHÍCULO MÓVIL........................ 69
5.1. PRUEBAS DE SENSORES.. 69
5.1.1. MEDIDAS DEL ACELERÓMETRO.. 69
5.1.2. MEDIDAS DEL GIROSCOPIO.. 72
5.1.3. MEDIDAS DEL MAGNETÓMETRO.. 74

5.2. PRUEBAS DE ACTITUD APLICANDO FKE………………………………. 77
5.3. PRUEBAS DE ORIENTACIÓN………………………………………………. 79
5.4. PRUEBAS DEL SISTEMA DE POSICIONAMIENTO……………………... 79
5.5. COMPARACIÓN REALIZADA DE LA IMU DESARROLLADA Y LA IMU COMERCIAL……………………………………..……………………... 83

CAPÍTULO 6……………………………………………………………………… 85
CONCLUSIONES Y RECOMENDACIONES……………………………………. 85
6.1 CONCLUSIONES………………………………………………………….. 85
6.2 RECOMEDACIONES.. 87

REFERENCIAS BIBLIOGRÁFICAS..…………………………………………… 89
ANEXOS

RESUMEN

La facultad de ciencias perteneciente a la Escuela Politécnica Nacional (EPN) desarrolla un proyecto de investigación acerca de UAV (Unmanned Aerial Vehicle), dentro del cual se encuentra el Sistema de Navegación Inercial (INS) que es el tema en el que se enfoca este proyecto de titulación.

El INS es desarrollado desde los sensores básicos: sensores inerciales (acelerómetro & giroscopio) y magnetómetro. Este sistema debe ser capaz de medir la actitud y determinar el desplazamiento de un robot móvil.

A partir de los sensores inerciales se comienza desarrollando una Unidad de Medida Inercial (IMU) que incluye la implementación de un filtro de Kalman extendido, cuyo objetivo es medir la actitud. La orientación es medida por una brújula desarrollada a partir del magnetómetro.

El desplazamiento del robot móvil es obtenido a partir de las medidas del acelerómetro, por medio de la integración de estas se obtiene la velocidad y con una nueva integración se obtiene la posición.

Todos los resultados del INS se visualizan en tiempo real a través de una Interfaz Hombre – Máquina (HMI), del cual se podrá adquirir los datos para acoplar el INS al proyecto UAV.

PRESENTACIÓN

En este proyecto se desarrolla un INS aplicable en un autopiloto de un UAV, su desarrollo ha sido secuencial para culminar los objetivos y alcances satisfactoriamente. La descripción del proyecto se ha dividido en los siguientes 6 capítulos:

El primer capítulo consiste en explicar todos los conceptos necesarios para la compresión del proyecto: INS, ángulos de Euler, sistemas de coordenadas, sensores inerciales, filtro de Kalman y UAV

En el capítulo 2 se detallan los sensores y las expresiones básicas para el desarrollo del INS así como la construcción de la plataforma y la distribución de los diferentes elementos del sistema sobre la misma.

El capítulo 3 trata sobre el desarrollo del INS, el cual consiste en mostrar la programación realizada en el microcontrolador y en LABVIEW para obtener la actitud, orientación y posición de un robot móvil, todos los algoritmos se han representado mediante diagramas de flujo.

En el capítulo 4 se indica el proceso de desarrollo del HMI para el INS utilizando LABVIEW, se muestran los bloques en los cuales se divide el sistema y como se realizó cada uno de ellos, para posteriormente mostrar formas de onda y valores relevantes de actitud, orientación y posición.

El capítulo 5 indica las pruebas realizadas a cada sensor para su debida calibración y acondicionamiento, se visualiza las respuestas de las medidas, explicando sus ventajas, desventajas y soluciones planteadas.

El capítulo 6 abarca las conclusiones obtenidas al finalizar el proyecto, enfocándose en los problemas encontrados y soluciones planteadas, también se sugiere algunas ideas para realizar futuros proyectos con un INS.

CAPÍTULO 1

MARCO TEÓRICO

1.1. SISTEMA DE NAVEGACIÓN INERCIAL

El presente proyecto está dirigido a desarrollar un Sistema de Navegación Inercial o INS (Inertial Navegation System) cuyo objetivo es estimar la posición, actitud y orientación de un vehículo móvil manual o autónomo, como es el caso del UAV (Unmanned Aerial Vehicles). Un INS se basa en una Unidad de Medida Inercial o IMU (Inertial Measurement Unit) sin la necesidad de una referencia externa (sólo inicialmente).

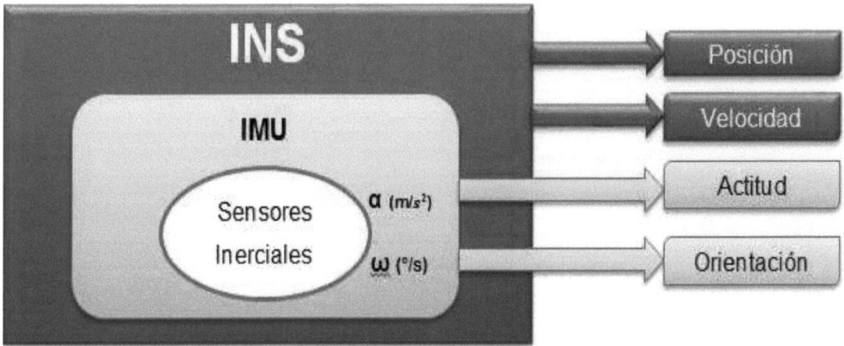

Figura 1.1 Sistema de Navegación Inercial

El INS se fundamenta en las medidas de los vectores de aceleración (α) y velocidad angular (ω), obtenidas por los sensores inerciales que forman parte de la IMU, con estas medidas se logra cumplir su objetivo.

1.1.1. CONFIGURACIÓN DEL SISTEMA INERCIAL

Existen dos configuraciones en un INS, la diferencia entre estas dos configuraciones se encuentra en el marco de referencia que cada una utiliza para medir las señales de operación de los sensores inerciales, los marcos de referencias se explican con mayor detalle en la sección 1.1.2.

1.1.1.1. Gimballed (ejes flotantes)

En esta configuración los sensores inerciales van montados sobre una plataforma que está sujeta a una estructura gimbal como se puede observar en la figura 1.2, y esta plataforma se encuentra alineada al sistema de coordenadas de navegación, el cual es explicado en el literal 1.1.2.2.

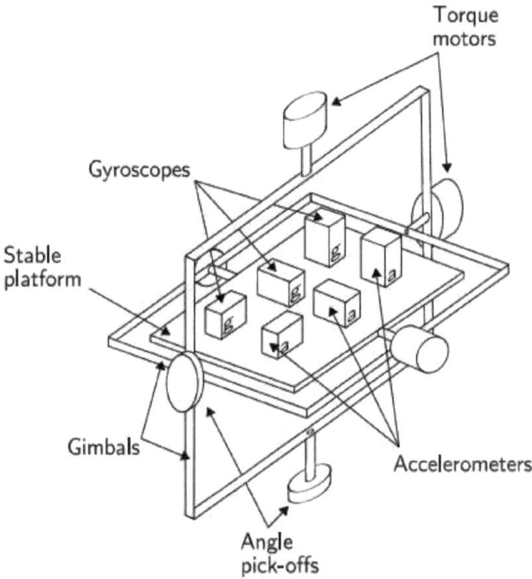

Figura 1.2 Sistema Gimballed [1]

Si los giroscopios montados en la plataforma detectan una rotación, esas señales se verán reflejadas en el movimiento de los motores de la estructura gimbal con el propósito de mantenerla estable la plataforma en su sistema de coordenadas. Debido a este acontecimiento en la estructura gimbal a esta configuración también se la conoce como "ejes flotantes".
El sistema de ejes flotantes se divide en:

1.1.1.1.1. *Referencia Inercial.*- se la aplica en los satélites artificiales cuyo movimiento se desarrolla respecto al centro de masas de la tierra.

1.1.1.1.2. *Referencia Terrestre.*- se la aplica en vehículos que se desea conocer su desplazamiento relativo a la tierra.

1.1.1.2. Strapdown (ejes fijos)

En esta configuración los sensores inerciales van montados rígidamente sobre el vehículo móvil como se observa en la figura 1.3, por lo cual las medidas obtenidas serán reflejadas en un sistema de coordenadas body. En el sistema los ejes de referencia se encuentran fijos al vehículo móvil y se debe partir de una posición y orientación conocida de los ejes fijos

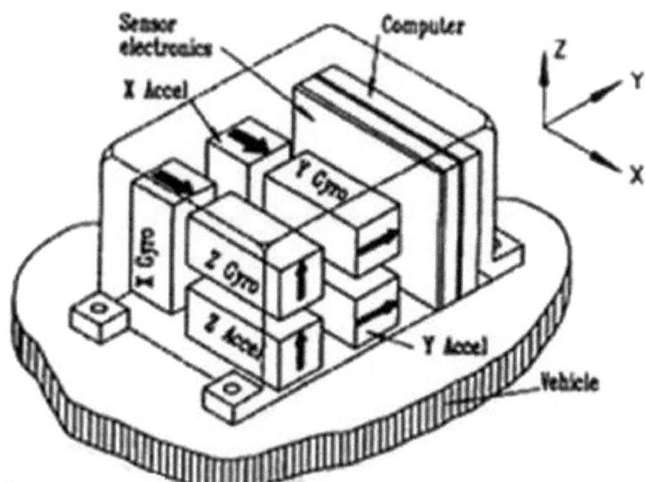

Figura 1.3 Sistema Strapdown [2]

Este sistema al no utilizar una estructura gimbal reduce costos y espacio físico, por esta razón el INS de este proyecto se realizará mediante un sistema strapdown.

Tabla 1.1 Ventaja y desventaja de cada clasificación

Gimballed		Strapdown	
Ventaja	*Desventaja*	*Ventaja*	*Desventaja*
Cálculos simples porque solo se necesita tener las tres componentes de la aceleración.	Complejo en el aspecto mecánico debido a la regulación de la plataforma	Simple en el aspecto mecánico, ya que solo se necesita de los sensores de aceleración y velocidad angular sobre los ejes del objeto móvil.	Complejo en los cálculos ya que en este caso se necesita no solamente de las tres componentes de la aceleración, sino también de las tres componentes de velocidad angular

1.1.2. SISTEMAS DE COORDENADAS

Un sistema de coordenadas es un sistema de referencia que permite localizar inequívocamente una posición cualquiera en un espacio dimensional.
Para poder desarrollar un INS se necesita hacer cambios de coordenadas la cuales se describen a continuación.

1.1.2.1. Sistema de Coordenada Inercial Verdadero

En el sistema de coordenada inercial las leyes de Newton son válidas, debido a que Newton asumía que su sistema de coordenadas no tenía movimiento, Newton consideraba que el campo inercial era fijo con respecto a las estrellas, de esta manera sus leyes de movimiento solo son válidas en este sistema de coordenadas. El sistema de coordenada inercial no es un sistema de coordenadas práctico. [3]

1.1.2.2. Sistema de Coordenadas ECI (Earth Centered Inertial)

Este sistema de coordenadas tiene origen en el centro de masa de la Tierra y se mueve con el planeta por lo que idealmente no rota respecto al espacio inercial (fijo con respecto a las estrellas), sin embargo si se acelera con respecto al espacio inercial ya que se mueve con la Tierra, como la Tierra rota y se mueve alrededor del sol, el sistema de referencia inercial es como un observador fijo en la Tierra que rota a una velocidad que es la combinación de la velocidad rotacional de la Tierra (Ω) y la posición de la Tierra alrededor del sol.

El eje z coincide con el eje de rotación de la Tierra y los ejes x y y se encuentran en el plano ecuatorial de la Tierra donde el eje x apunta a una estrella llamada equinoccio Vernal.

1.1.2.3. Sistema de Coordenadas ECEF (Earth - Earth Centered - Fixed)

Este sistema de coordenada tiene su origen en el centro de masa de la Tierra y rota con la misma, El eje z coincide con el eje de rotación de la Tierra y los ejes x y y se encuentran en el plano ecuatorial de la Tierra donde el eje x apunta al Meridiano de Greenwich (0° latitud, 0° longitud), esto se puede observar en la figura 1.4.

1.1.2.4. Sistema de Coordenadas de Navegación (n-frame)

Este sistema de coordenadas también se lo conoce como NED (North, East, Down) ya que sus ejes apuntan a estas direcciones, se denominará a los ejes de navegación como: x_n al que apunta al norte, y_n al que apunta al este y z_n al que apunta abajo, teniendo como origen la localización del sistema de navegación, esto se puede observar en la figura 1.4.

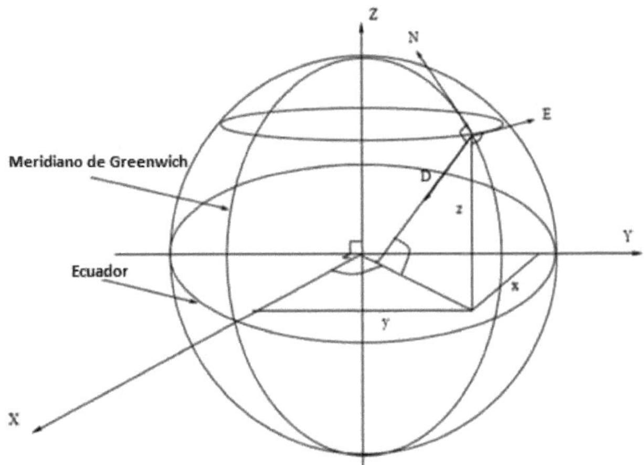

Figura 1.4 Sistema de Coordenadas ECEF y de Navegación [4]

1.1.2.5. Sistema de Coordenadas Body (b-frame)

Este sistema de coordenadas tiene origen en el centro de masa del vehículo y se encuentran alineadas a los ejes de los ángulos roll, pitch y yaw (estos ángulos se definen en el apartado 1.2.1.2), esto se puede observar en la figura 1.5 donde los ejes del sistema de coordenadas body son representados por 1^b, 2^b, y 3^b. Es el sistema de coordenadas básico para los sensores inerciales.

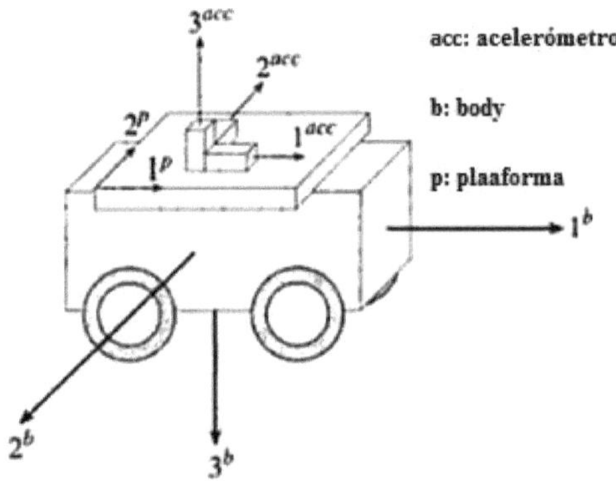

Figura 1.5 Relación entre coordenadas body, plataforma e IMU [5]

1.2. UNIDAD DE MEDIDAS INERCIALES (IMU)

Es un dispositivo que está compuesto por sensores inerciales (acelerómetros y giroscopios), circuitos electrónicos y una CPU, para entregar medidas de aceleración y velocidad angular. Todos los sensores se encuentran debidamente calibrados y compensados.

La IMU en general es un componente de un Sistema de Navegación por lo cual se suele ocupar otros componentes para corregir las limitaciones de una IMU, por ejemplo se utiliza magnetómetro para corregir la orientación. Para obtener una mejor precisión la IMU debe estar recubierta por una caja diseñada para que la temperatura se mantenga constante y donde las paredes de la caja disminuyan las interferencias electromagnéticas, si las medidas son dadas de forma analógica se debe minimizar el ruido eléctrico en los cables y en el conversor análogo-digital y si las medidas son dadas de forma digital se debe tomar en cuenta que existirá un retraso temporal.

1.2.1. ACTITUD Y ORIENTACIÓN

En este proyecto se llamara actitud a la inclinación del vehículo respecto al plano horizontal y orientación al rumbo del vehículo respecto al norte magnético, a este sistema se lo conoce también como AHRS (Attitude and Heading Reference System).

1.2.1.1. Componentes de AHRS

- Pitch: es la relación vertical que existe entre la nariz y el horizonte.
- Roll: es la cantidad que la nariz se inclina hacia la izquierda o la derecha.
- Yaw: es la dirección que la nariz está apuntando

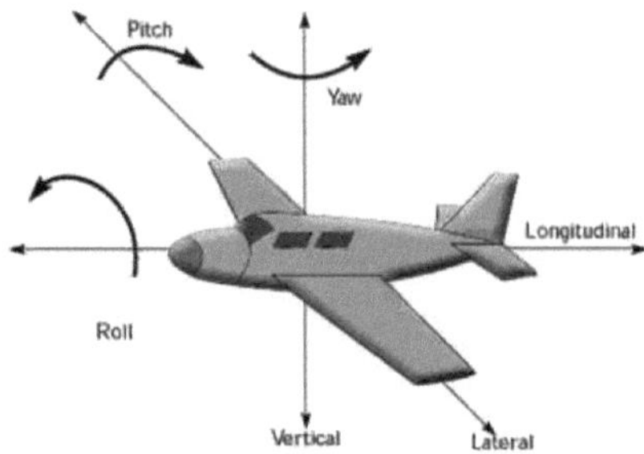

Figura 1.6 Componentes de AHRS [6]

1.2.1.2. Ángulos de Euler

Los ángulos de Euler son un conjunto de 3 coordenadas angulares (θ, Φ, Ψ) que sirven para especificar la orientación de un objeto móvil respecto a un eje de referencia de ejes ortogonales fijos [7], por este motivo para la representación matemática de la actitud y orientación del vehículo se utilizaran los ángulos de Euler, siendo así:

- Θ = pitch
- Φ = roll
- Ψ = yaw

1.3. SENSORES

El INS aparte de utilizar los sensores inerciales como acelerómetro y giroscopio también utiliza magnetómetro y GPS, a continuación se describirá el funcionamiento de cada uno estos sensores.

1.3.1. ACELERÓMETRO

El principio de un acelerómetro depende de un sistema de masas y resortes donde la tensión y la fuerza de los resortes esta descrita por la ley de Hooke: “La fuerza de resistencia o la fuerza para establecer la posición de equilibrio en un resorte, es proporcional a la cantidad de fuerza al estirarlo o comprimirlo."

En este caso se ha utilizado un acelerómetro lineal en 3 ejes ADXL345 que utiliza el principio de capacitancia para medir el desplazamiento de un sistema elástico que consiste en una barra de silicio sujeta por 4 hilos. A esta configuración se adicionan tres placas metálicas que forman dos condensadores. La placa de la mitad cambia la distancia entre las placas de los extremos [8]

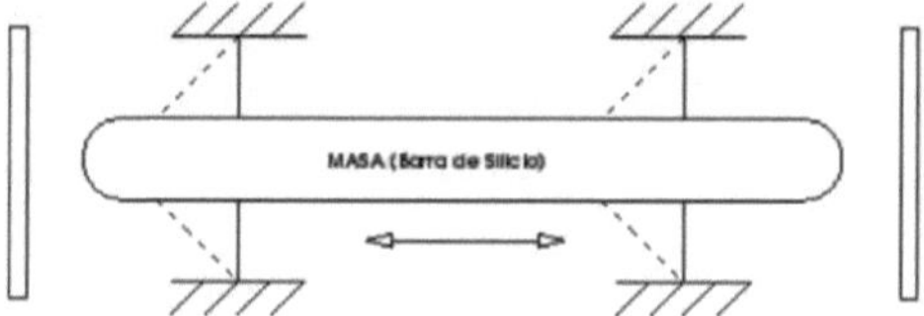

Figura 1.7 Modelo de un acelerómetro con capacitancia [8]

Un acelerómetro mide la componente estática de la aceleración provocada por la gravedad que actúa sobre el vehículo y la componente dinámica de la aceleración que se produce por el movimiento del vehículo. La unidad de medida del acelerómetro se da en [g] (1[g]=9.8 $[m/s^2]$).

1.3.2. GIROSCOPIO

El principio de funcionamiento de un giroscopio está basado en la conservación del momento angular

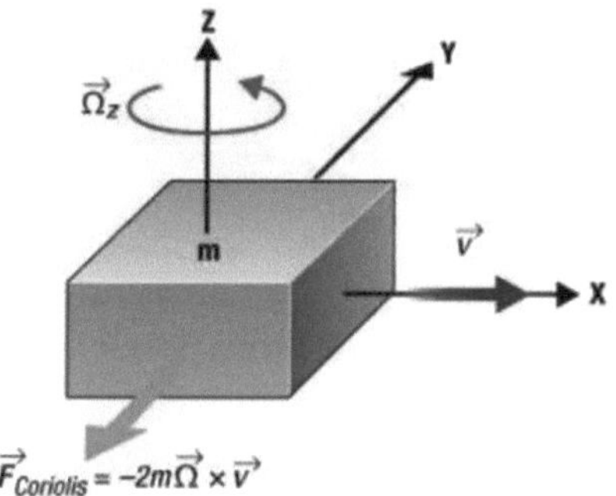

Figura 1.8 Funcionamiento de un giroscopio [9]

Se ha utilizado un giroscopio de 3 ejes (ITG3200), en este giroscopio cuando la masa se mueve en dirección v como se indica en la figura 1.8, experimentara una fuerza de coriolis ($F_{coriolis}$) en dirección a la flecha amarilla

$$Fcoriolis = -2 * m * \Omega * v \qquad (1.1)$$

Donde m es la masa, Ω es la velocidad angular y v es la velocidad lineal, esta fuerza es transformada en una señal eléctrica proporcional a ella. Un giroscopio mide la velocidad angular de un vehículo en [dps] (degrees per second). [9]

1.3.3. MAGNETÓMETRO

Un magnetómetro detecta el cambio del campo magnético aplicado a una muestra determinada, la medida depende mucho de la ubicación en la que se encuentre así como de otros factores externos entre ellos el más importante la radiación electromagnética, emitida por antenas y equipos electrónicos.

Se ha utilizado el LSM303DLM, un sensor integrado que posee tres ejes de medición para el campo magnético, y gracias a los múltiples factores de escala, se pueden identificar campos desde ±1,3 gauss hasta ±8,1 gauss.

Figura 1.9 Magnetómetro [10]

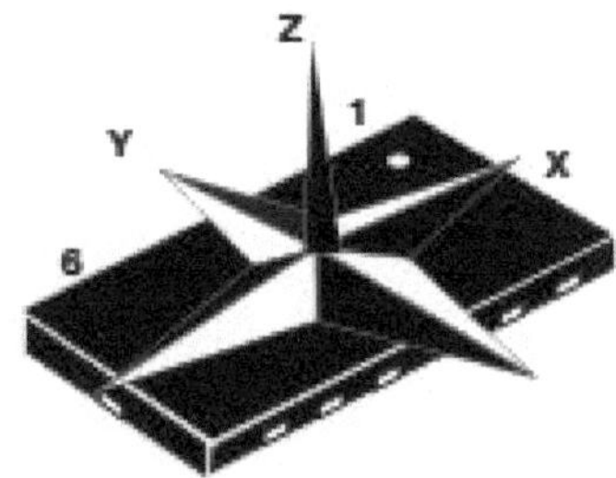

El principio de funcionamiento de este magnetómetro está dado por la ley de Faraday, ya que se tiene una muestra que frente a un campo magnético variable produce un campo eléctrico el cual puede ser medido y procesado por un microcontrolador o por un ordenador, previa una conversión análoga/digital.

1.3.4. GLOBAL POSITIONING SYSTEM (GPS)

El Sistema de Posicionamiento Global permite determinar la posición de un objeto en el planeta Tierra, este sistema está compuesta por una red de 24 satélites con trayectorias sincronizadas aproximadamente a unos 20.000 Km de distancia del planeta Tierra, esta red de satélites es conocida con el nombre de NAVSTAR (Navegation Satellite Timing and Ranging) y fue desarrolladlo por el Departamento de Defensa de los Estados Unidos con fines puramente militares.

1.3.4.1. Parámetros de un GPS

El GPS calculan los siguientes parámetros:

- Posición 3D (Coordenadas X, Y, Z)
- Tiempo (Los satélites emiten información temporal en Universal Time Coordinated)
- Velocidad del móvil.

1.3.4.2. Funcionamiento de un GPS

El receptor que se ha utilizado es un LS20031 el cual recibe señales de los satélites indicando la identificación y la hora de cada uno de ellos, en base a estas señales se sincroniza el reloj del GPS y calcula el tiempo que tardan en llegar las señales al equipo y de tal modo mide la distancia a los satélites. De esta forma el GPS recibe dos tipos de datos: los del Almanaque (datos de ubicación y operación de cada satélite en relación al resto de satélites) y Efemérides (datos únicamente del satélite que está siendo captado cuyos datos se utilizan para calcular la distancia del receptor al satélite).

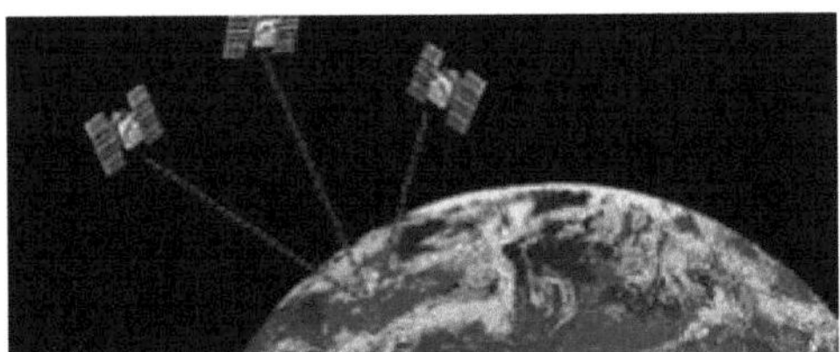

Figura 1.10 Medición de distancias desde los satélites [11]

El receptor utiliza como mínimo 3 satélites para realizar una trilateración satelital para calcular la posición del mismo, con un elevado número de satélites captados (8 satélites) por el receptor y si éstos tienen una geometría adecuada (dispersos) puede obtenerse precisiones de 2,5 metros y si se utiliza un DPGS (GPS Diferencial) se puede obtener precisiones de 1 metro, sin embargo cuando solo son captados el mínimo de satélites para realizar el cálculo de posición el error puede ser de 15 metros. [11] El número de satélites captados dependerá de la ubicación geográfica del receptor, por ejemplo en sitios urbanos se capta menos satélites debido a los obstáculos como casas y grandes edificios.

1.4. FILTRO DE KALMAN (FK)

El FK tiene como objetivo estimar los estados de un sistema dinámico lineal ruidoso, utilizando un algoritmo óptimo y recursivo, óptimo porque toma en cuenta toda la información que se le proporcione para minimizar el error al cuadrado y recursivo porque no requiere almacenar todos los datos previos y reprocesarlos cada vez que llega una nueva información. El FK para estimar los estados accede a las medidas del sistema. [12]

1.4.1. ECUACIONES DE KALMAN

Todas las variables que el FK utiliza para estimar una solución, se agrupan dentro de un vector llamado vector de estados. El vector incluye los parámetros deseados:

$$x = [x_1\ x_2\ x_3 \ldots\ x_n\ ]$$

El vector de medidas es una agrupación de todas las variables cuya medida están disponibles:

$$z = [z_1\ z_2\ z_3\ ...\ z_n\ ]$$

Por lo tanto el FK estima el estado x de un proceso en el tiempo discreto que es gobernado por la ecuación diferencial del tipo:

$$x_{k+1} = A_k x_k + B u_k + \omega_k \quad (1.2)$$

Con una medida z correspondiente a la observación y que es:

$$z_k = H_k x_k + v_k \qquad (1.3)$$

La matriz A da una relación entre el estado anterior y el estado presente del FK.
La matriz B relaciona la entrada de control u con el estado x.
La matriz H relaciona el vector de estados con el vector de medidas.
Las variable aleatorias ω_k y v_k representan el ruido del proceso y de la medida respectivamente y se asume que son independientes y blancos.

El FK proporciona una ecuación que computa un estimador del estado a posteriori $\hat{x}_k$ como combinación lineal del estimador a priori $\hat{x}_k^-$ y la diferencia entre la observación actual z_k y la predicción de medida $H_k\hat{x}_k^-$:

$$\hat{x}_k = \hat{x}_k^- + K(z_k - H_k\hat{x}_k^-) \quad (1.4)$$

La diferencia $(z_k - H_k\hat{x}_k^-)$ se llama innovación de la medida y muestra la diferencia entre la predicción de la medida $H_k\hat{x}_k^-$ y la observación actual z_k. La matriz K es llamada Ganancia de Kalman que establece la cantidad de influencia del error entre la estimación y la medida:

$$K_k = P_k^- H_k^T (H_k P_k^- H_k^T + R_k)^{-1} \qquad (1.5)$$

Siendo P_k^- el estimador de la covarianza del error a priori y R_k la covarianza del error de la medida. Cuando la covarianza del error de medida R_k se aproxime a 0, se tendrá más confianza en la observación actual z_k mientras que la medida predicha $H_k\hat{x}_k^-$ perderá confianza en la misma medida. Por otra parte, cuando el estimador de la covarianza del error a priori P_k^- se aproxime a 0 se perderá confianza en la medida z_k y de la medida predicha $H_k\hat{x}_k^-$ se incrementará. Q es la covarianza del error del sistema [13].

De tal forma el algoritmo queda dividido en dos pasos que se ejecutan de manera iterativa: la predicción y la corrección como se muestra en la figura 1.11.

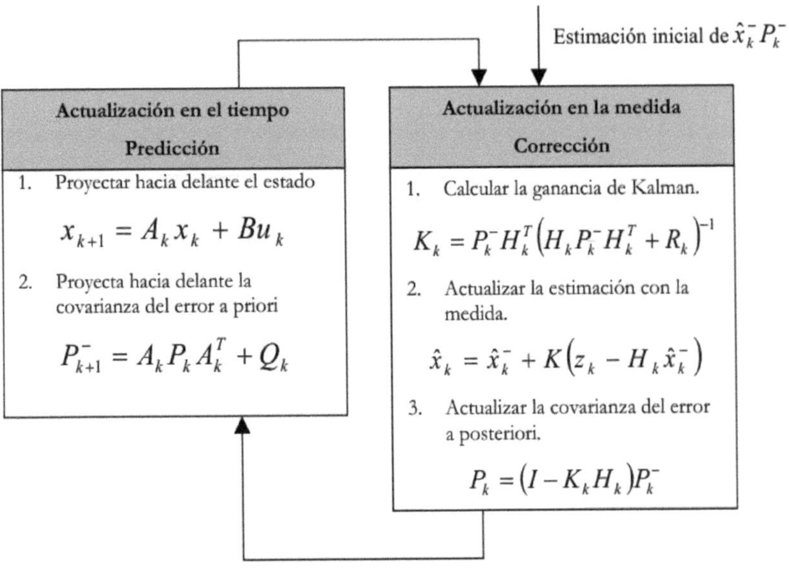

Figura 1.11 Algoritmo del FK [13]

1.4.2. FILTRO DE KALMAN EXTENDIDO (FKE)

Cuando el sistema sea no lineal se puede utilizar un FKE, en el cual se linealiza el sistema, en este caso en vez de existir las matrices A, B y H, existen dos funciones $f(x, u, w)$ y $h(x, v)$ del proceso no lineal y de la observación no lineal respectivamente.

Las funciones $f(x, u, w)$ y $h(x, v)$ pueden ser utilizadas directamente para realizar predicción, pero para calcular la covarianza P_k a estas funciones es necesario obtener su jacobiano.

1.5 UNMANNED AERIAL VEHICLE (UAV)

Un UAV también es conocido como Drone, este vehículo no tiene piloto a bordo, el vuelo puede ser autónomo o controlado desde tierra.

Una ventaja de utilizar un UAV es el ahorro de combustible en comparación al utilizar aviones tripulados para realizar reconocimiento o vigilancia de determinado territorio.

Figura 1.12 UAV tomado de [14]

Este proyecto está enfocado a aplicarse en el prototipo cero del autopiloto de un UAV, éste puede ser avión, helicóptero, cuadricóptero, etc.

1.5.1 AUTOPILOTO

El autopiloto es un sistema usado para guiar un vehículo sin la asistencia de una persona, su prioridad es la estabilidad del vehículo, para cumplir con este objetivo, las medidas de vuelo deben ser en tiempo real. Los autopilotos son capaces de permitir realizar acciones específicas al UAV, como desplazarse a un lugar determinado por medio de un software incluido con el autopiloto.

CAPÍTULO 2

DISEÑO Y CONSTRUCCIÓN DEL HARDWARE

2.1. DESCRIPCIÓN Y CARACTERÍSTICAS DE LOS SENSORES EMPLEADOS

Los sensores que se han escogido para el presente proyecto de titulación, se seleccionaron en base a varios parámetros, los cuales se detallan a lo largo del desarrollo de los siguientes literales.

2.1.1 ESPECIFICACIONES TÉCNICAS DEL SENSOR LSM303DLM

El sensor LSM303DLM es un módulo compuesto de 6 sensores, proporcionando un grado de libertad por cada sensor y sus principales características son:

Figura 2.1 Sensor LSM303DLM [15]

- 3 ejes para medición del campo magnético (eje x, eje y, eje z).
- 3 ejes para medición de la aceleración (eje x, eje y, eje z).
- Escalas de medición del campo magnético de ±1.3 / ±1.9 /±2.5. /±4.0/±4.7/±5.6/ ±8.1gauss.
- Escalas de medición de la aceleración ±2g/±4g/±8g.
- Comunicación I2C en modo estándar (100kHz) o fast mode (400kHz).
- Temperatura de operación de -40 a +85ºC.

2.1.2 ESPECIFICACIONES TÉCNICAS DEL SENSOR 6DOF DIGITAL

El sensor 6DOF DIGITAL es un módulo en el que están embebidos 3 giroscopios y 3 acelerómetros proporcionando un grado de libertad adicional por cada sensor y sus principales características son:

Figura 2.2 Sensor 6DOF DIGITAL [16]

- 3 ejes para la medición de la velocidad angular
- 3 ejes para la medición de aceleración
- Rango de medición de ±2000°/sec
- Comunicación I2C fast mode (400kHz)
- Filtro pasa bajos digital programable
- Temperatura de operación de -40 a +85ºC.

2.2. PROTOCOLOS DE COMUNICACIÓN EMPLEADOS

Cada uno de los diferentes dispositivos que conforman el sistema INS utiliza un protocolo de comunicación específico, cada uno de estos se muestra en la figura 2.3 y se detallan en los siguientes literales.

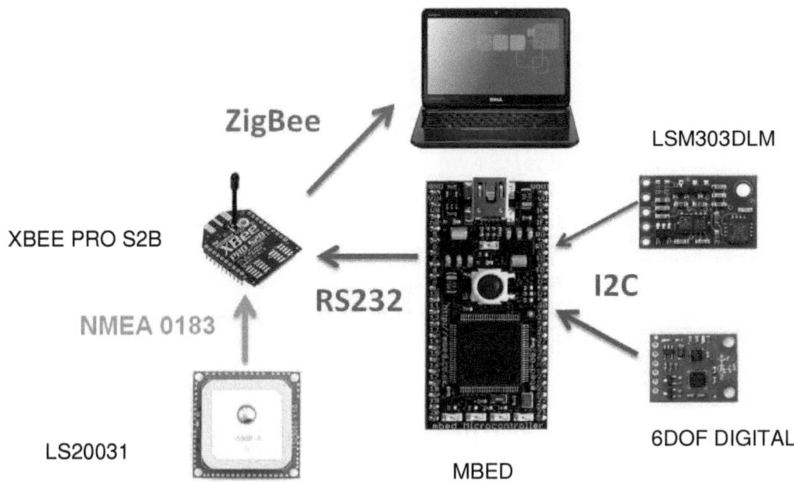

Figura 2.3 Protocolo de comunicación entre cada elemento del INS

2.2.1 COMUNICACIÓN ENTRE SENSORES Y MICROCONTROLADOR

El chip en el cual se encuentran embebidos el acelerómetro y giroscopio, utilizan el protocolo de comunicación I2C, este protocolo cuenta con dos líneas de comunicación que son SDA y SCL, la ventaja de utilizar I2C es que por un mismo bus de datos se pueden comunicar varios dispositivos, simplemente con indicar la dirección del dispositivo que se desee leer.

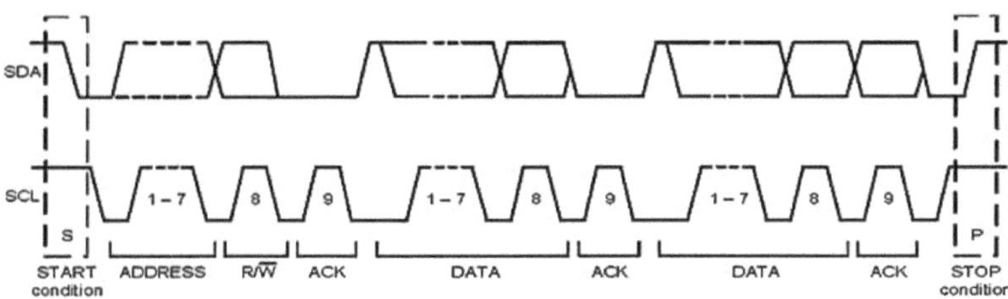

Figura 2.4 Estructura del protocolo I2C [17]

La velocidad de transmisión es de 100 kbaudios y se sigue la siguiente trama:

1. START condition (Master)
2. 7 Bits de dirección de esclavo (Master)
3. 1 Bit de RW, 0 es Leer y 1 Escribir. (Master)
4. 1 Bit de Acknowledge (Slave)
5. Byte de dirección de memoria (Master)
6. 1 Bit de Acknowledge (Slave)
7. Byte de datos (Master/Slave (Escritura/Lectura))
8. 1 Bit de Acknowledge (Slave/Master (Escritura/Lectura))
9. STOP condition (Master)

2.2.2 COMUNICACIÓN ENTRE EL MICRONTROLADOR Y LA PC

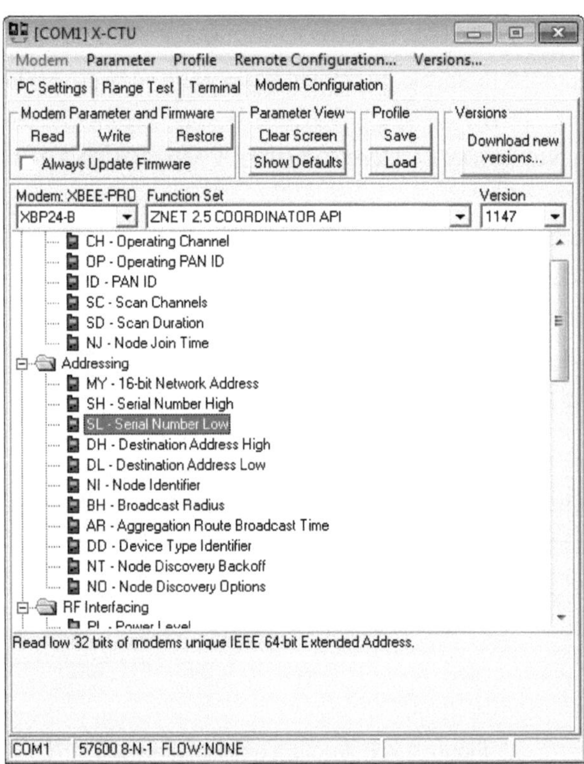

Figura 2.5 Software para la configuración de los módulos Xbee-PRO S2B [19]

La comunicación entre el microcontrolador y la PC se realiza mediante un par transmisor - receptor Xbee Pro 2, los cuales se comunican entre sí utilizando el protocolo Zigbee el cual está basado en el estándar de comunicaciones para redes inalámbricas IEEE 802.15.4 [18], la comunicación de Xbee-PC y Xbee-microcontrolador se la realiza mediante RS232 asincrónica.

La configuración de los parámetros de estos módulos se la realizó mediante el software proporcionado por el fabricante, esto permite que los dos módulos se enlacen entre si y no con otro que se encuentre a su alrededor, y al mismo tiempo configura la trama con la cual se enviaran los datos [19].

2.2.3 PROTOCOLO DE COMUNICACIÓN DEL GPS

El GPS trabaja con el protocolo NMEA 0183 en el cual se encuentran encriptados los datos que este recibe de los satélites, los parámetros básicos de este protocolo son, Baud Rate de 4800, 8 bits de datos, 1 bit de parada, sin paridad, sin handshake [20].

Adicionalmente para adquirir los datos del GPS ya sea por un microcontrolador o un Xbee se emplea comunicación RS232 asincrónica.

2.3 DISTRIBUCIÓN DE LOS SENSORES EN LA PLATAFORMA MÓVIL

Debido a que un sistema de medición inercial debe adaptarse a cualquier plataforma, la placa donde se encuentran los diferentes sistemas de medida, fue diseñada para montarse en cualquier superficie siempre y cuando se tomen en cuenta varias consideraciones, principalmente las del entorno de funcionamiento.

Dado que la medición realizada depende de varios aspectos como son, la temperatura, niveles de ruido y principalmente la vibración, la ubicación de los sensores en la plataforma se realizó buscando el centro de masa del cuerpo y evitando en lo posible que los sensores sean afectados por las interferencias indicadas anteriormente.

Para lograr que los ejes de los sensores concuerden con los ejes de la plataforma, y asumiendo que la distribución de fábrica de los sensores es aproximadamente ortogonal, se realiza la transformación de los ejes de fábrica de los sensores a coordenadas body, con la finalidad de obtener mediciones correctas según el comportamiento de la plataforma.

Para esta transformación solo se toma en cuenta la distribución física de los sensores sobre la plataforma, esto debido que en lo posible se ha alineado los tres ejes x, y y z de los sensores con los de la plataforma, pero no se ha conseguido una coincidencia en los signos.

Figura 2.6 Ubicación de los sensores en la plataforma móvil

Los ejes de los sensores se muestran en la figura 2.6 por lo cual el cambio de ejes a coordenadas body se realiza mediante las siguientes matrices. [21]

$$C_{acc}^{b}\begin{pmatrix}1 & 0 & 0\\ 0 & -1 & 0\\ 0 & 0 & 1\end{pmatrix} \quad (2.1)$$

$$C_{giro}^{b}\begin{pmatrix}1 & 0 & 0\\ 0 & -1 & 0\\ 0 & 0 & 1\end{pmatrix} \quad (2.2)$$

$$C_{mag}^{b}\begin{pmatrix}1 & 0 & 0\\ 0 & -1 & 0\\ 0 & 0 & 1\end{pmatrix} \quad (2.3)$$

Con esta transformación se logra que los ejes del sensor y de la plataforma coincidan, los coeficientes de la matriz dependerán del sensor que se utilice, ya que no todos tienen la misma distribución de fábrica.

2.3.1 CAMBIO DE COORDENADAS DE BODY A NAVEGACIÓN

La ecuación para el cambio de coordenadas de un sistema de ejes fijos (X, Y, Z) a un sistema de ejes solidarios con el cuerpo (x, y, z) se obtiene a partir de tres rotaciones sucesivas alrededor de cada uno de los ejes del sistema fijo siguiendo la regla de la mano derecha, estos ángulos formados entre los dos sistemas de coordenadas se conocen como ángulos de Euler.

La primera rotación se realiza alrededor del eje Z pasando de las coordenadas X, Y, Z a las coordenadas X', Y', Z', formando un ángulo conocido como ψ (yaw) que da lugar a la siguiente ecuación [22] :

$$\begin{bmatrix}X'\\ Y'\\ Z'\end{bmatrix} = [C_{\psi}]\begin{bmatrix}X\\ Y\\ Z\end{bmatrix} \quad (2.4)$$

El giro en yaw se puede expresar mediante la siguiente matriz de dirección de cosenos

$$C_{\psi} = \begin{pmatrix}\cos\psi & \sin\psi & 0\\ -\sin\psi & \cos\psi & 0\\ 0 & 0 & 1\end{pmatrix} \quad (2.5)$$

La segunda rotación se realiza alrededor del eje Y pasando de las coordenadas X',Y',Z' a las coordenadas X'',Y'',Z'', formando un ángulo conocido como θ (pitch) que da lugar a la siguiente ecuación:

$$\begin{bmatrix} X'' \\ Y'' \\ Z'' \end{bmatrix} = [C_\theta] \begin{bmatrix} X' \\ Y' \\ Z' \end{bmatrix} \quad (2.6)$$

El giro en pitch se puede expresar mediante la siguiente matriz de dirección de cosenos

$$C_\theta = \begin{pmatrix} \cos\theta & 0 & -\sin\theta \\ 0 & 1 & 0 \\ \sin\theta & 0 & \cos\theta \end{pmatrix} \quad (2.7)$$

La tercera rotación se realiza alrededor del eje X pasando de las coordenadas X'',Y'',Z'' a las coordenadas x,y,z formando un ángulo conocido como ϕ (roll) que da lugar a la siguiente ecuación:

$$\begin{bmatrix} x \\ y \\ z \end{bmatrix} = [C_\varphi] \begin{bmatrix} X'' \\ Y'' \\ Z'' \end{bmatrix} \quad (2.8)$$

El giro en roll se puede expresar mediante la siguiente matriz de dirección de cosenos

$$C_\phi = \begin{pmatrix} 1 & 0 & 0 \\ 0 & \cos\phi & \sin\phi \\ 0 & -\sin\phi & \cos\phi \end{pmatrix} \quad (2.9)$$

Con las tres rotaciones se puede definir la matriz de cambio de coordenadas de un eje fijo a las de un cuerpo móvil de la siguiente forma:

$$\begin{bmatrix} x \\ y \\ z \end{bmatrix} = C_n^b \begin{bmatrix} X \\ Y \\ Z \end{bmatrix} \quad (2.10)$$

$$C_n^b = C_\psi C_\theta C_\phi \quad (2.11)$$

$$C_n^b = \begin{pmatrix} \cos\theta\cos\psi & \cos\theta\sin\psi & -\sin\theta \\ \cos\psi\sin\theta\sin\phi - \sin\psi\cos\phi & \cos\psi\cos\phi - \sin\psi\sin\theta\sin\phi & \cos\theta\sin\phi \\ \cos\varphi\sin\theta\cos\phi + \sin\psi\sin\phi & \sin\psi\sin\theta\cos\phi - \cos\psi\sin\phi & \cos\theta\cos\phi \end{pmatrix} \quad (2.12)$$

Como se desea pasar de los ejes del cuerpo a un sistema de ejes fijos se utilizará la siguiente ecuación:

$$\begin{bmatrix} X \\ Y \\ Z \end{bmatrix} = C_b^n \begin{bmatrix} x \\ y \\ z \end{bmatrix} \quad (2.13)$$

Donde $C_b^n = [C_n^b]^T$, con lo cual se puede expresar el cambio de coordenadas del cuerpo a ejes de navegación.

2.4. SISTEMA DE MEDICIÓN DE ACTITUD

Determinar la actitud de la plataforma implica, calcular los ángulos de pitch y roll, para ello se ha empleado el método de Euler el cual utiliza la matriz mostrada en 2.14, definiendo de esta forma los tres ángulos buscados roll, pitch y yaw. [23]

$$\dot{E} = \begin{bmatrix} \dot{\emptyset} \\ \dot{\theta} \\ \dot{\varphi} \end{bmatrix} = \begin{bmatrix} 1 & \sin\emptyset \cdot \tan\theta & \cos\emptyset \cdot \tan\theta \\ 0 & \cos\emptyset & -\sin\emptyset \\ 0 & \sin\emptyset \cdot \sec\theta & \cos\emptyset \cdot \sec\theta \end{bmatrix} \begin{bmatrix} p \\ q \\ r \end{bmatrix} \quad (2.14)$$

Donde $\begin{bmatrix} p \\ q \\ r \end{bmatrix}$ es el vector de velocidades medidas por los giroscopios en el eje x, y y z respectivamente.

2.5. SISTEMA DE MEDICIÓN DE ORIENTACIÓN

Para la estimación de la orientación se emplea la medida del magnetómetro en conjunto con la del giroscopio, el magnetómetro permite además tener una referencia para la orientación, ya que este se calibra de tal forma que siempre el ángulo medido sea con respecto al norte magnético.

2.5.1 CÁLCULO DE ORIENTACIÓN SIN COMPENSACIÓN DE INCLINACIÓN

Para obtener la orientación de la plataforma se ha utilizado las medidas del campo magnético en el plano XY, estas medidas con una calibración previa describen un comportamiento de un circulo unitario, al momento de rotar a la plataforma sobre un eje fijo, debido a este comportamiento la ecuación que se emplea para calcular el ángulo de orientación o Heading es:

$$Hed = \tan^{-1}\left(\frac{M_y}{M_x}\right) \quad (2.15)$$

Donde

Hed: Ángulo de orientación con respecto al norte magnético o Heading
My: Medida calibrada del campo magnético en el eje y
Mx: Medida calibrada del campo magnético en el eje x [23]

Las medidas del magnetómetro son mucho más propensas a errores, debido a la presencia de campos magnéticos diferentes a los de la tierra, con la finalidad de mermar estos efectos y lograr al mismo tiempo que el frente de la plataforma coincida con el norte magnético, por lo que el sensor se ha montado de tal forma que cuando el My=0 y el Mx=1 se obtenga el Hed=0º y al rotar en sentido horario el ángulo incremente hasta 360º luego de girar una vuelta completa.

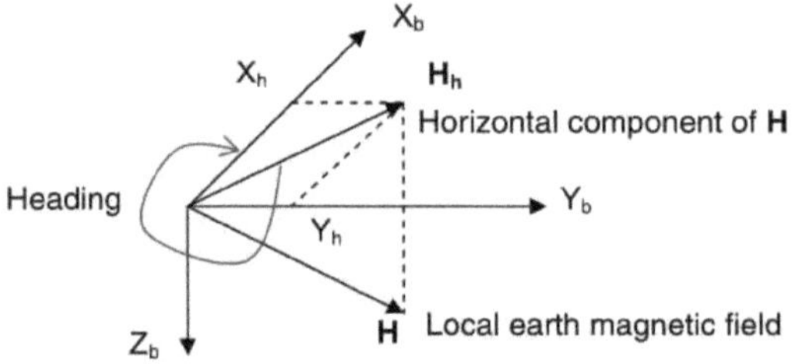

Figura 2.7 Vectores de campo magnético en el plano XY y vector orientación resultante [23]

Esta forma de calcular la orientación es aplicable solo si la plataforma permanece en el plano, de lo contrario se debe realizar una compensación de los ángulos de inclinación (roll y pitch) que presente la plataforma.

2.5.2. CÁLCULO DE ORIENTACIÓN CON COMPENSACIÓN DE INCLINACIÓN

Debido a que la plataforma puede presentar ángulos de inclinación, los ángulos de roll y pitch deben emplearse conjuntamente con las mediadas del magnetómetro para obtener una orientación sin errores considerable.

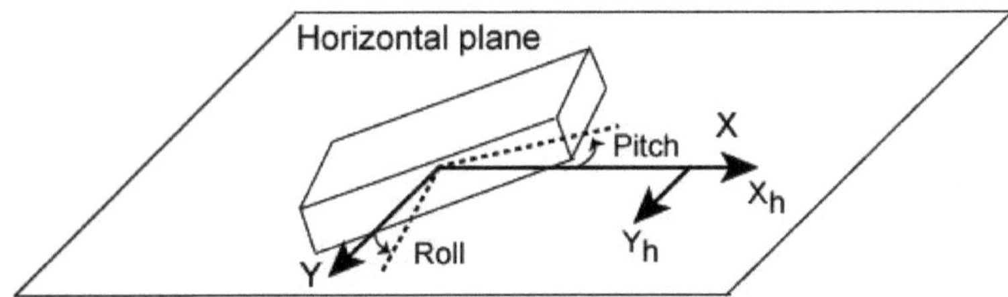

Figura 2.8 Representación de la orientación cuando se presenta inclinación del cuerpo [23]

Por esta razón se emplean las siguientes ecuaciones de compensación de las medidas [23]:

$$M_{xc} = M_x \cdot \cos\theta + M_z \cdot \sin\theta \qquad (2.16)$$

$$M_{yc} = M_x \cdot \sin\emptyset \cdot \sin\theta + M_y \cdot \cos\emptyset - M_z \cdot \sin\emptyset \cdot \cos\theta \qquad (2.17)$$

Dónde:

M_{xc}: Es la medida del campo magnético en el eje x compensado con los ángulos de inclinación.

M_{yc}: Es la medida del campo magnético en el eje y compensado con los ángulos de inclinación.

M_x: Es la medida original del campo magnético sin compensación en el eje x

M_y: Es la medida original del campo magnético sin compensación en el eje y

M_z: Es la medida original del campo magnético sin compensación en el eje z

θ: Ángulo de inclinación Pitch

$\emptyset$: Ángulo de inclinación roll

2.6. SISTEMA DE MEDICIÓN DE POSICIÓN

Para estimar la posición de la plataforma móvil, se emplea la medida de los acelerómetros, sin embargo no se puede tomar una lectura directa, ya que este mide tanto las fuerzas externas al cuerpo como la fuerza de gravedad, la cual siempre está presente en el ambiente.

El campo gravitacional se refleja en todos los ejes de la plataforma debido a que el movimiento de la plataforma no siempre se realiza en una superficie completamente plana, por lo cual se lo puede expresar mediante las siguientes ecuaciones [21].

$$g_b = \begin{bmatrix} g_x \\ g_y \\ g_z \end{bmatrix} = C_b^n \begin{bmatrix} 0 \\ 0 \\ b \end{bmatrix} = \begin{bmatrix} -g \cdot \sin\theta \\ g \cdot \cos\theta \cdot \sin\emptyset \\ g \cdot \cos\theta \cdot \cos\emptyset \end{bmatrix} \quad (2.18)$$

Debido a esto se debe ajustar la medida realizada por los acelerómetros mediante un conjunto de ecuaciones presentadas a continuación las cuales reflejen los efectos de la gravedad en cada uno de los ejes de la plataforma así como los efectos de la rotación sobre la aceleración.

$$a = \frac{\partial^2 r}{\partial t^2} + g \quad (2.19)$$

$$a_{Ib} = a_b - (\omega + \Omega) \text{ x } v_b - g_b \quad (2.20)$$

Donde a_{Ib} es la aceleración considerando a la plataforma un cuerpo idealmente inercial

a_b Es la aceleración medida por el acelerómetro

Ω Cantidad de rotación del cuerpo debido a la rotación de la tierra

ω Cantidad de rotación del cuerpo debido al propio cuerpo

Dado que los giroscopios miden siempre Ω y ω entonces se tiene:

$$(\omega + \Omega) = \begin{bmatrix} p \\ q \\ r \end{bmatrix} \qquad (2.21)$$

Con todo el desarrollo presentado desde (2.4) hasta (2.21) se puede escribir el conjunto de aceleraciones, una vez que se ha suprimido los efectos de gravedad y de rotación del cuerpo y viene dado por las siguientes expresiones:

$$\begin{aligned} a_{Ibx} &= a_{bx} + v_{by}r + v_{bz}q + g\sin\theta \\ a_{Iby} &= a_{by} - v_{bx}r + v_{bz}p - g\cos\theta\sin\emptyset \\ a_{Ibz} &= a_{bz} + v_{bx}q - v_{bz}p - g\cos\theta\cos\emptyset \end{aligned} \qquad (2.22)$$

El conjunto de ecuaciones presentadas en 2.22 permiten calcular la aceleración de la plataforma una vez que se han suprimido los efectos de rotación y de la gravedad que están presentes en la plataforma.

Dónde:

$a_{Ibx} =$ Aceleración sin los efectos de rotación y de gravedad en el eje x

$a_{Iby} =$ Aceleración sin los efectos de rotación y de gravedad en el eje y

$a_{Ibz} =$ Aceleración sin los efectos de rotación y de gravedad en el eje z

$a_{bx} =$ Aceleración medida directamente en el eje x

$a_{by} =$ Aceleración medida directamente en el eje y

$a_{bz} =$ Aceleración medida directamente en el eje z

$v_{bx} =$ Velocidad del cuerpo en el eje x

$v_{by} =$ Velocidad del cuerpo en el eje y

$v_{bz} =$ Velocidad del cuerpo en el eje z

$p =$ Velocidad angular del cuerpo en el eje x

$q =$ Velocidad angular del cuerpo en el eje y

$r =$ Velocidad angular del cuerpo en el eje z

$\theta =$ Ángulo pitch

$\emptyset =$ Ángulo roll

$g =$ Gravedad

2.7 ENSAMBLAJE DE LA PLATAFORMA

Para realizar las pruebas de funcionamiento del INS se utiliza una plataforma robótica, la cual se ha ensamblado a partir de un chasis metálico, que cuenta con seis motores de corriente continua cada uno con su respectiva suspensión, las cuales permiten que la plataforma pueda ubicarse a diferentes ángulos de inclinación con mucha facilidad, en la figura 2.9 se muestra el chasis de la plataforma con sus respectivo motores.

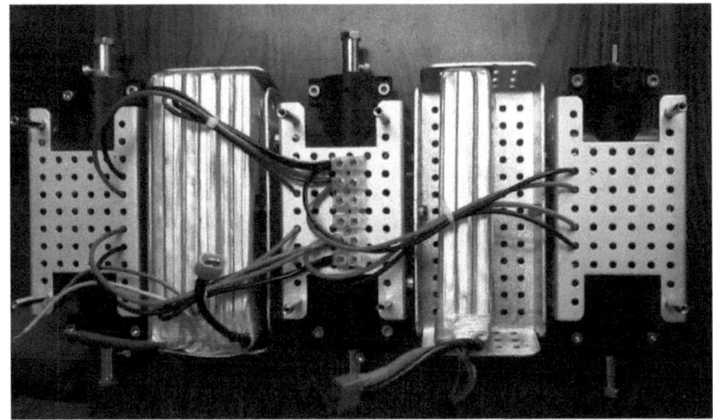

Figura 2.9 Chasis de la plataforma móvil

Para la alimentar los motores de la plataforma se utiliza una batería de lipo de tres celdas, las cuales proporcionan el nivel de corriente apropiado para el funcionamiento de los mismos. El control del movimiento se realiza mediante dos drivers que varían el voltaje de tres ruedas de forma simultánea, proporcionando un control por tracción diferencial que es guiado a través de un radiocontrol de cinco canales a 2.4 GHz. La figura 2.10 muestra el driver en conjunto con el receptor de Radio Control.

Figura 2.10 Driver de control [24]

2.8. INSTALACIÓN DEL INS EN UN UAV

Después de realizar las pruebas necesarias en una plataforma terrestre para comprobar el correcto funcionamiento del INS, el hardware de este sistema que se puede observar en la figura 2.11 se lo instala en un UAV (Helicóptero RC).

Figura 2.11 Hardware del INS

El hardware del INS tiene los siguiente componentes:

a) Placa Principal: contiene sensores inerciales, el microcontrolador y el Xbee.
b) Magnetómetro: Sensor Verde
c) Xbee - GPS: transmite la infiormación del GPS
d) GPS: dispositivo blanco con verde

El procedimiento de instalación se detalla acontinuación.

1. Escoger un UAV con la capacidad de carga necesaria para ubicar el hardware del INS (aproximadamente 120 [gr]), en este caso se ha escogido un helicóptero conla capacidad de carga de 300 [gr]. También se debe seleccionar un lugar en el UAV que sea paralelo al plano horizontal del UAV, en el caso del helicóptero se ha seleccionado el trineo del mismo, lugar donde adicionalmente se sujeta el set de entrenamiento (4 esferas blancas) que servirá de soporte para la placa principal del INS.

Figura 2.12 Helicóptero y set de entrenamiento

2. Se necesita escoger el método de sujetar el hardware del INS, se recomienda utilizar amarras delgadas debido al tamaño de los orifios de cada componente para sujetarlos al helicóptero. De esta forma se ubica la placa principal en el trineo apoyandola en el set de entrenamiento, la placa debe ser sujetada con las amarras en cada unos de sus extremos como se puede observar en la figura 2.13

Figura 2.13 Placa principal del hardware del INS

3. Para escoger la ubicación del magnetómetro se debe conciderar un lugar distanciado de elementos como motores o imanes que puedan perjudicar el funcionamiento del sensor. Por este motivo se ha ubicado el magnetómetro en el alerón horizontal trasero del helicóptero, sujetado mediante una amarra como se puede observar en la figura 2.14

Figura 2.14 Ubicación del magnetómetro en el helicóptero

4. El Xbee – GPS se ha ubicado en el lado posterior del helicóptero sujetandolo con una amarra. La ubicación del GPS debe estar en el exterior del UAV, por este motivo se lo coloca en la parte superior del helicóptero como se puede observar en la figura 2.15.

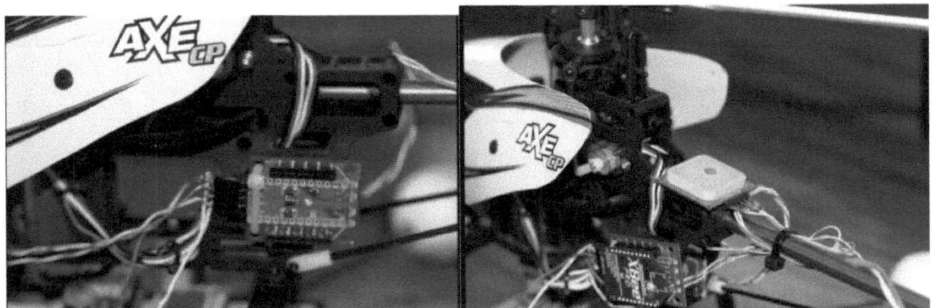

Figura 2.15 Ubicación del GPS y su Xbee

5. Se necesita colocar la fuente de energía para polarizar el INS, se recomienda utilizar una bateria de 5 [V]. Se ha colocado la bateria en en centro del helicóptero de tal forma que no interrumpa el correcto funcionamientod el mismo. Por ultimmo se polariza el INS con la bateria, como se puede observar en la figura 2.16.

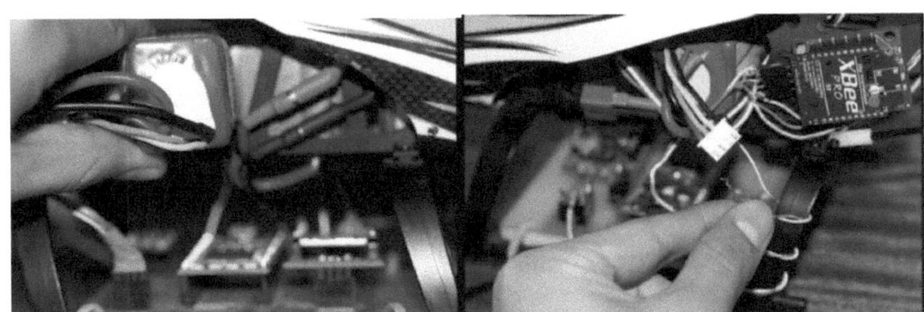

Figura 2.16 Ubicación del GPS y su Xbee

Antes de poner en funcionanmiento el helicópetro se debe verificar que el hardware del INS no perjudique el correcto funcionamiento mecánico del helicóptero, por la misma razón todos los cables del INS deben ser colocados de una manera ordenada y bien adegurados. En la figura 2.17 se puede observar el INS instalado en el UAV.

Figura 2.17 INS instalado de un UAV

CAPÍTULO 3

DESARROLLO DEL SISTEMA DE NAVEGACIÓN INERCIAL

En el presente capítulo se detalla la programación del microcontrolador Mbed y LABVIEW para desarrollar el sistema de navegación inercial (INS), lo que implica la programación para: obtener la actitud, uso del Filtro de Kalman y la posición.

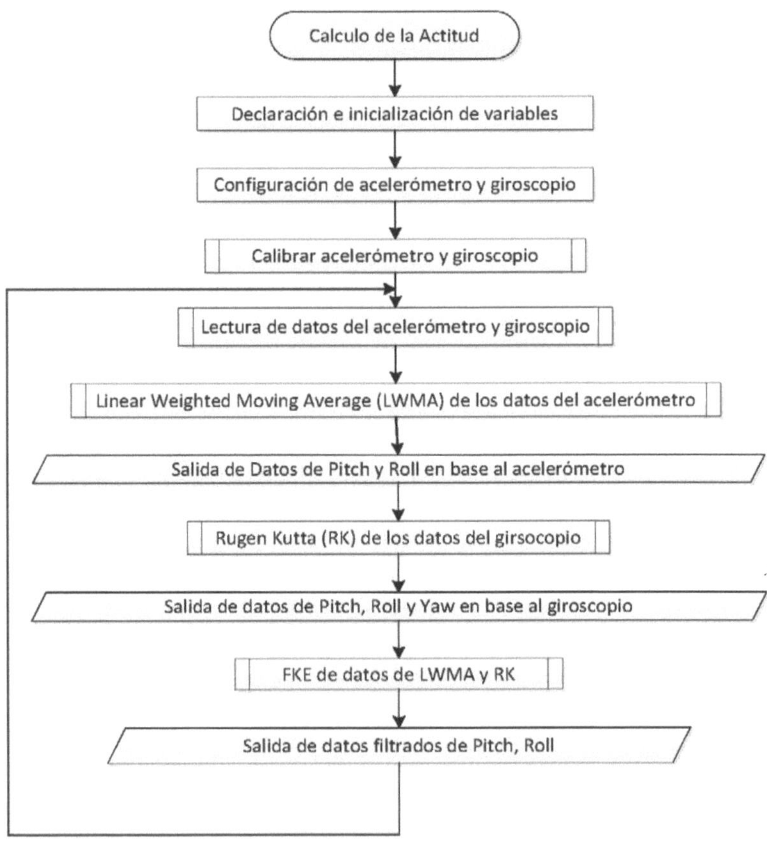

Figura 3.1 Algoritmo para calcular la actitud de un robot móvil

3.1. CÁLCULO DE LA ACTITUD

El algoritmo para calcular la actitud del robot móvil se ha representado por el diagrama de bloques señalado en la figura 3.1.

La configuración del acelerómetro y del giroscopio se ha realizado en base a la hoja de especificaciones de cada sensor, se puede observar las configuraciones en la tabla 3.1:

Tabla 3.1 Configuración de Sensores

Configuración de Sensores	
Acelerómetro (ADLX345)	Giroscopio (ITG3200)
Comunicación: I2C Rango: ±2 g Frecuencia Salida de Datos: 1.6 KHz	Comunicación: I2C Rango: ±2000 °/s Frecuencia Salida de Datos: 8 KHz

Se trabaja en rango de ±2 g para obtener una mayor resolución en la medida debido a que idealmente 3.9 mg por bit menos significativo (LSB).

La calibración de cada sensor es necesaria debido a que todos los sensores tienen un desvió de la medida y esto perjudica la fiabilidad de la respuesta obtenida de cada sensor, por lo cual es indispensable conocer el desvió de cada eje de los sensores para ser posteriormente removido, para obtener en la posición inicial un valor inicial de la medida igual a cero en cada eje.

La figura 3.2 muestra el subproceso que permite conocer el desvió de la medida en cada eje del sensor, para lograr esto, se adquiere los datos de los sensores, se los convierte a cada dato en un dato de 16 bits, para de esta forma sumar una muestra de 1000 datos obtenidos y a este resultado se divide para su número de muestras.

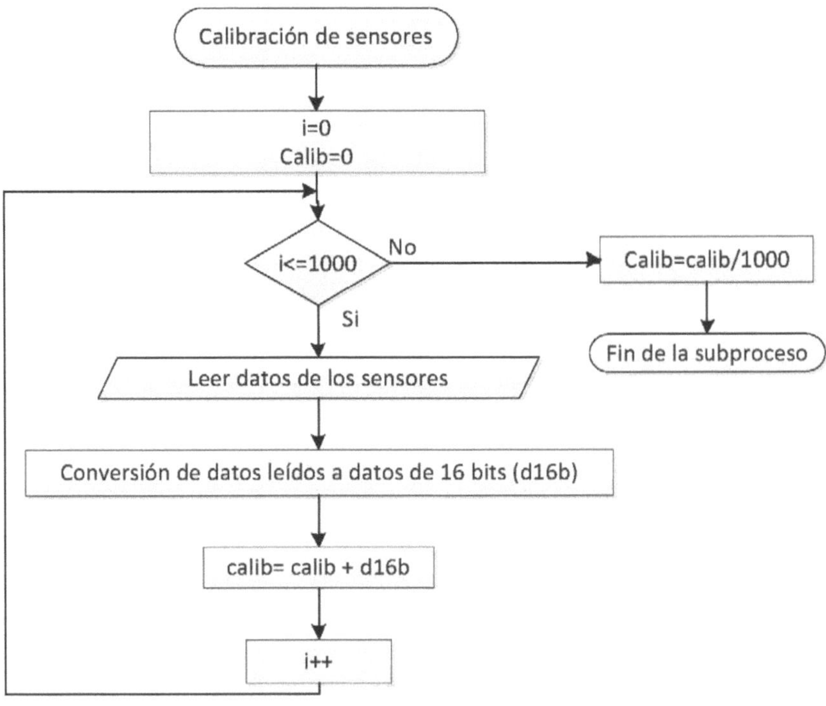

Figura 3.2 Algoritmo para calibración de sensores

Después de adquirir algún dato de los sensores, como se había mencionado antes, se debe remover el desvío de la medida de cada eje de los sensores, y a estas transformarlas en unidades de gravedad [g] para el acelerómetro, esto se consigue dividendo el dato adquirido para el valor de 256 que es el número ideal por cada [g] indicado en la hoja de especificaciones del sensor y grados por segundo [°/s] para el giroscopio, de la misma forma basado por la hoja de especificaciones del sensor se divide el valor adquirido por 14.357 ideal por cada [°/s] .

Este procedimiento se puede observar en la figura 3.3.

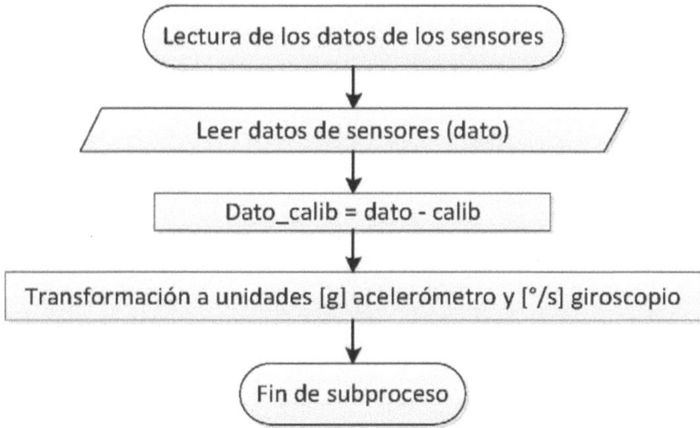

Figura 3.3 Algoritmo de lectura de sensores

3.1.1. LINEAR WEIGHTED MOVING AVERAGE (LWMA):

El indicador Moving Avarage (Media Móvil) muestra el valor medio de la medida tomada de un sensor durante un determinado periodo de tiempo, de esta forma se obtiene una estimación más precisa de la actitud del robot móvil. Existen varios tipos de la media móvil [25]: simple, exponencial, suavizada y ponderada.

Lo único que diferencia a las medias móviles de los diferentes tipos son los coeficientes que se asignan a los últimos datos, por lo cual en este caso se utiliza la Media Móvil Ponderada (LWMA) ya que asignan más peso a los últimos datos como se puede observar en la fórmula 3.1.

$$zLWMA = \frac{\sum_{i=0}^{N} z_i * (N-i)}{\sum_{i}^{N} N-i} \qquad (3.1)$$

Donde N es el número de datos que son usados para realizar la LWMA y z es el valor medido por el sensor.

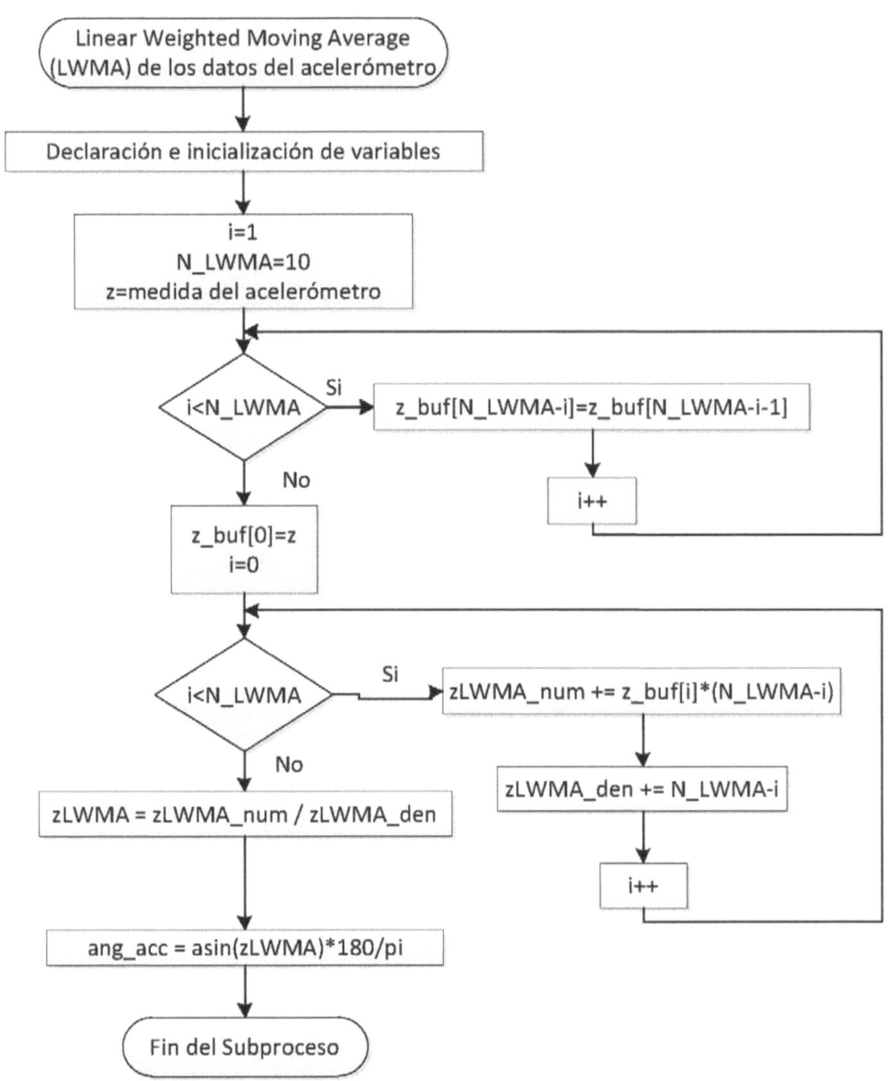

Figura 3.4 Algoritmo LWMA

Como se puede observar en la figura 3.4 se han tomado 10 datos (N=10) para realizar el proceso, estos datos se van guardando en z_buf[i] siendo $dato_0$ el último valor obtenido, para después aplicar la fórmula 3.1, de esta forma se obtiene el ángulo correspondiente de acuerdo a la medida de aceleración estática del eje del acelerómetro utilizada.

Este algoritmo se debe realizar para la medida del eje x y y del acelerómetro, de esta forma con el eje x se obtendrá el ángulo pitch de la actitud, y con el eje y se obtendrá el ángulo roll de actitud. Se utiliza la función seno inversa para realizar la conversión de [g] a grados.

3.1.2. MÉTODO DE RUGEN-KUTTA (RK)

Es un método iterativo de aproximación de soluciones de ecuaciones diferenciales ordinarias [26]. Se ha utilizado RK para resolver la conversión de sistema de coordenada body a un eje fijo en la Tierra mediante el método de Euler, cuya conversión está dada por la fórmula 2.14.

RK tiene el siguiente algoritmo:

$$y_{i+1} = y_i + \frac{(k1+2*k2+2*k3+k4)}{6} * h \quad (3.2)$$

Donde:

$$k1 = f(x_i \,, y_i) \qquad (3.4)$$

$$k2 = f(x_i + \tfrac{1}{2} * h \,, y_i + \tfrac{1}{2} * k1 * h) \qquad (3.5)$$

$$k3 = f(x_i + \tfrac{1}{2} * h \,, y_i + \tfrac{1}{2} * k2 * h) \qquad (3.6)$$

$$k4 = f(x_i + h \,, y_i + k3 * h) \qquad (3.7)$$

$h = tiempo\ de\ muestreo$

De esta forma el algoritmo de RK que se implantado en el microprocesador está representado en la figura 3.5.

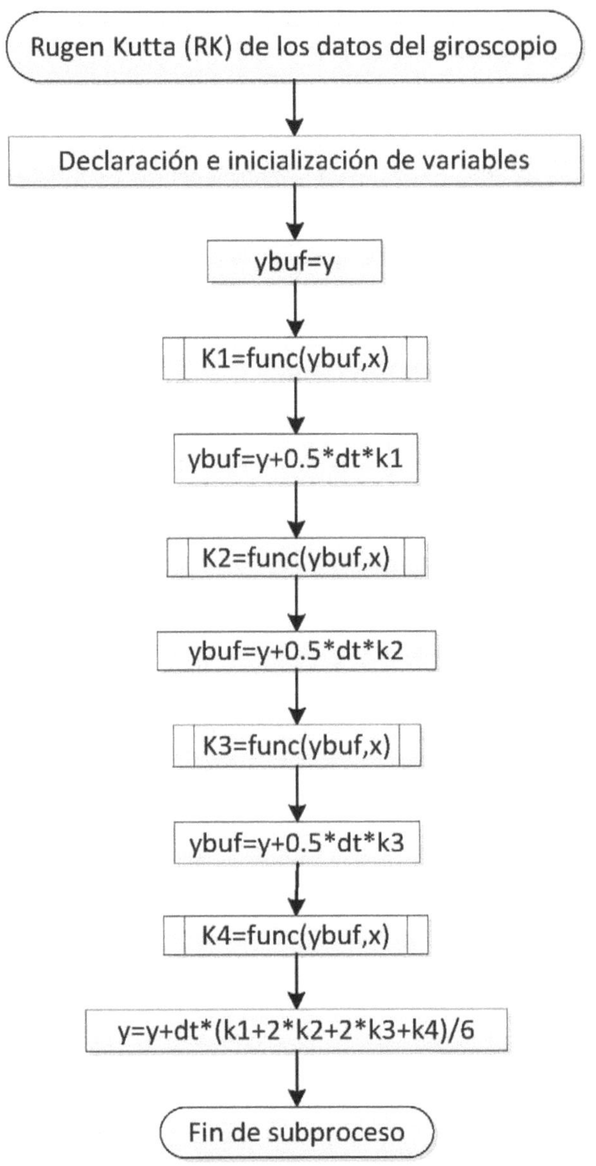

Figura 3.5. Algoritmo de RK

En este algoritmo de RK x y y son vectores que cada uno consta de 3 parámetros, donde x proporciona las medidas de los 3 ejes tomadas del giroscopio (p, q, r) y y almacena los ángulos de Euler: roll ($\emptyset$), pitch (θ) y yaw (Ψ), los cuales son la solución del algoritmo de RK. Este algoritmo tiene una subproceso que se muestra en la figura 3.6.

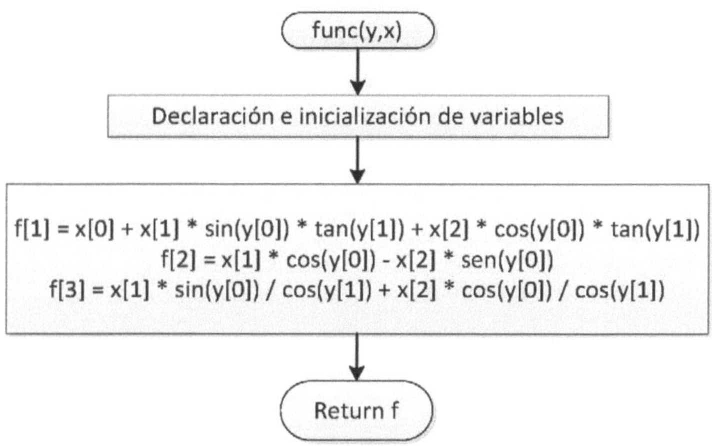

Figura 3.6. Subproceso de RK

En este subproceso se remplazan las variables x y y en la fórmula 2.14 que en el diagrama de bloques se representa en 3 funciones: f[1], f[2] y f[3]. Estas funciones nos permiten transformar p, q, r en $\dot{\emptyset}$, $\dot{\theta}$, $\dot{\Psi}$, estas variables retornan en una nueva variable $f = [f1, f2, f3]$.

3.1.3. FILTRO DE KALMAN EXTENDIDO

Hasta el momento se han obtenido las medidas de pitch y roll, a partir del acelerómetro y las medidas de pitch, roll y yaw a partir del giroscopio, todas estas medidas tienen su respectiva desventaja, el acelerómetro en ángulos cercanos a 90° entrega una medida indefinida debido a la conversión de [g] a grados donde se utiliza la función seno inversa, también al existir movimiento a la aceleración estática detectada se le sumará la aceleración dinámica y esto provocaría errores en la medida del ángulo deseado, por otra parte los ángulos calculados a partir de las medidas del giroscopio tienen un bias acumulativo, debido al uso de RK el cual es un método iterativo donde en cada iteración se acumula el error del ángulo deseado. Por esta razón ahora es necesario aplicar un FKE con estas medidas para obtener una confiable estimación de los ángulos de Euler, y el FK será extendido debido a que su matriz de relación (formula 2.14) la cual no es lineal.

El algoritmo del FKE desarrollado en el microcontrolador se representa en un diagrama de bloques, el cual se puede apreciar en la figura 3.7.

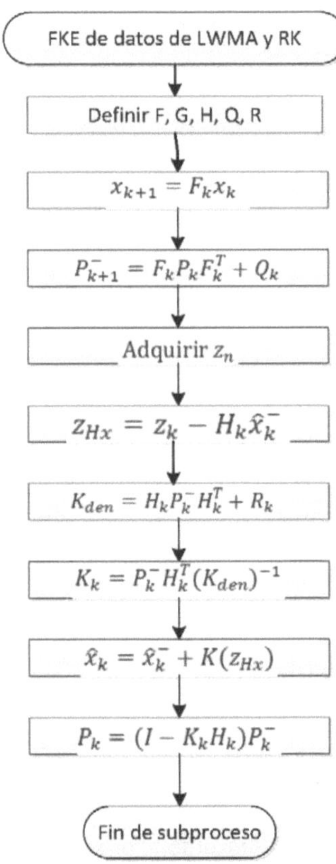

Figura 3.7 Subproceso de FKE

Dónde:

$x = [\emptyset, \theta, \Psi]$ Obtenidas del giroscopio después de aplicar RK

$u = [p, q, r]$ Obtenidas del giroscopio

$z = [\emptyset, \theta, \Psi]$ Obtenidas del acelerómetro después de aplicar LWMA

$$f = \begin{bmatrix} p & q * \sin\emptyset * \tan\theta & r * \cos\emptyset * \tan\theta \\ 0 & q * \cos\emptyset & -r * \sin\emptyset \\ 0 & q * \sin\emptyset * \sec\theta & r * \cos\emptyset * \sec\theta \end{bmatrix} \quad (3.8)$$

Su Jacobiano es:

$$F = \frac{\partial f}{\partial x}$$

$$F = \begin{bmatrix} q * \cos\emptyset * \tan\theta - r * \sin\emptyset * \tan\theta & q * \frac{\sin\emptyset}{\cos\theta^2} + r * \frac{\cos\emptyset}{\cos\theta^2} & 0 \\ -q + \sin(\emptyset) - r * \cos(\emptyset) & 0 & 0 \\ q * \frac{\cos\emptyset}{\cos\theta} - r * \frac{\sin\emptyset}{\cos\theta} & q * \frac{\sin\emptyset * \sin\theta}{\cos\theta^2} + r * \frac{\cos\emptyset * \sin\emptyset}{\cos\theta^2} & 0 \end{bmatrix} \quad (3.9)$$

Para obtener G, se usa la fórmula:

$$G = \frac{\partial f}{\partial u}$$

$$G = \begin{bmatrix} 1 & \sin\emptyset \cdot \tan\theta & \cos\emptyset \cdot \tan\theta \\ 0 & \cos\emptyset & -\sin\emptyset \\ 0 & \sin\emptyset \cdot \sec\theta & \cos\emptyset \cdot \sec\theta \end{bmatrix} \quad (3.10)$$

$$H = \begin{bmatrix} 0 & \cos\theta & 0 \\ \cos\emptyset & 0 & 0 \\ -\sin\emptyset * \cos\theta & -\cos\emptyset \cdot \sin\theta & 0 \end{bmatrix} \quad (3.11)$$

Las matrices Q y R se definen a partir de los bias de cada sensor, pero estos solo sirven como referencia debido a que pueden variar de acuerdo a las necesidades del usuario, de acuerdo al apartado 1.4.1.

$$Q = \begin{bmatrix} biasxgyro^2 & 0 & 0 \\ 0 & biasygyro^2 & 0 \\ 0 & 0 & biaszgyro^2 \end{bmatrix} \quad (3.12)$$

$$R = \begin{bmatrix} biasxacc^2 & 0 & 0 \\ 0 & biasyacc^2 & 0 \\ 0 & 0 & biaszacc^2 \end{bmatrix} \quad (3.13)$$

Con estos datos y modelos siguiendo los pasos descritos en la figura 3.7 y en el literal 1.4.1 se concluye el cálculo de la actitud, el cual será reflejado en una Interfaz Hombre Maquina como se explica en el capítulo 4.

3.2. CÁLCULO DE LA ORIENTACIÓN

El siguiente diagrama de flujo muestra los pasos realizados para el cálculo del ángulo de orientación, primeramente se inicia con la lectura de los datos del sensor, estos datos se filtran por medio de un filtro pasa bajos. Una vez que se cuenta con los datos, se grafica la respuesta del campo magnético en el plano XY, esta gráfica nos permite realizar la calibración de la respuesta del sensor ya que se busca describir un circulo unitario cada vez que la plataforma de un giro de 360°, La calibración se realiza mediante la corrección de las medidas del campo magnético en los ejes x y y.

Cuando las medidas han sido calibradas se aplica la función tangente inversa de las medidas del campo magnético en el eje y divididas para el eje x, con lo cual se obtiene el ángulo de orientación, el mismo que se muestra en un visualizador del HMI.

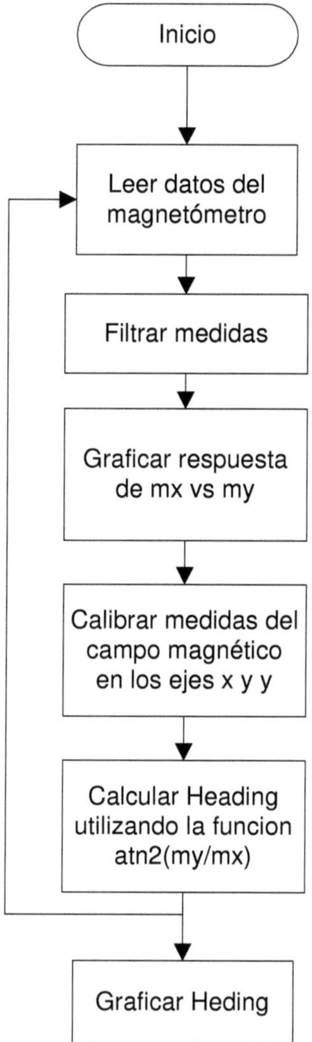

Figura 3.8 Proceso para calcular la orientación

3.3. CÁLCULO DE LA POSICIÓN

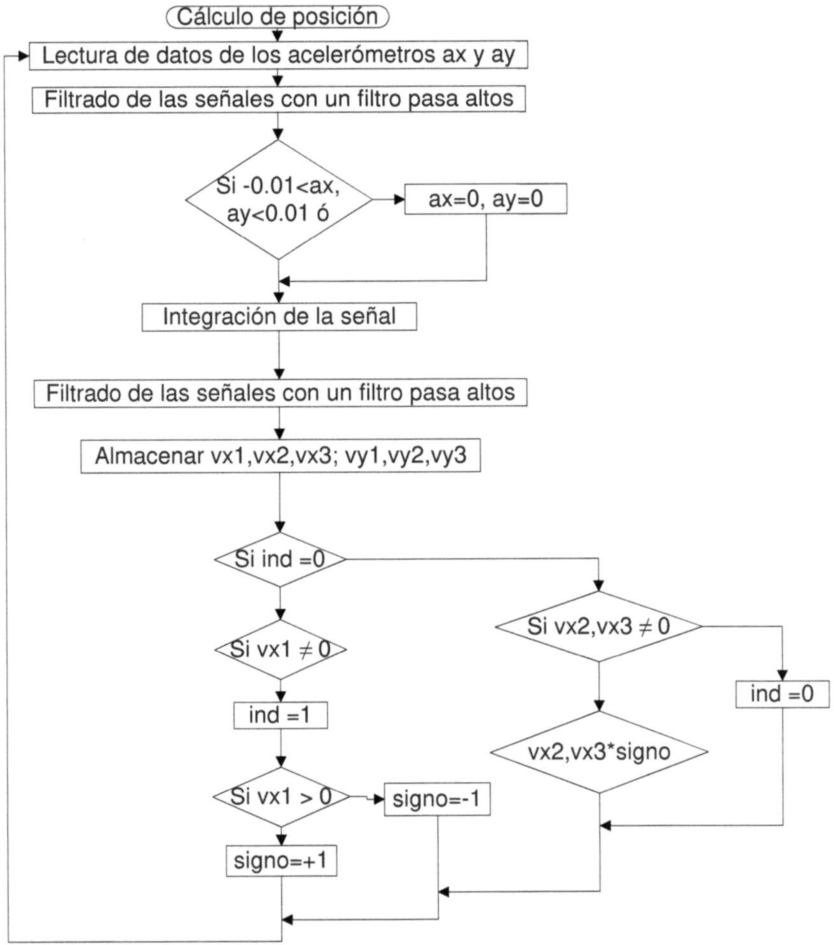

Figura 3.9 Subproceso para estimación de posición

La figura 3.9 muestra el proceso de estimación de la posición, a partir de las señales recibidas de los acelerómetros, la cual es filtrada, integrada y corregida en fase, para cada uno de los ejes de desplazamiento de la plataforma, este es el bloque encargado de realizar la navegación inercial.

CAPÍTULO 4

DESARROLLO DEL HMI DEL SISTEMA DE NAVEGACIÓN INERCIAL

4.1. SOFTWARE HMI

Los sistemas HMI que se encuentran en una computadora por lo general son conocidos como software HMI, sin embargo dentro de un sistema de control se conoce simplemente como HMI.

Se debe evitar confundir un sistema de visualización de datos con un HMI ya que este debe cumplir con varias funciones específicas como son: Monitoreo, Supervisión, Alarmas, Control y generación de Históricos. [27]

Existe una gran cantidad de programas que permiten desarrollar un HMI, el usar un programa específico dependerá de las necesidades del usuario, entre los software especializados para el área de control se tienen MATLAB y LABVIEW, estos dos utilizan lenguaje de programación de alto nivel y cuentan con módulos que permiten un rápido de una aplicación.

Para la aplicación desarrollada en el presente proyecto de titulación, se ha decidido utilizar LABVIEW, debido a una mayor versatilidad al momento de integrar subprogramas ya que el código tiene una mejor legibilidad por tratarse de un lenguaje de programación gráfica en el cual se puede indicar directamente la función de un bloque, a diferencia de otros lenguajes como C++, o Java que a pesar de ser de alto nivel presentan el inconveniente de no ser fácilmente interpretados por lo que se requiere un mayor tiempo para el desarrollo de nuevas aplicaciones, utilizando un código previamente desarrollado.

4.1.1. ENTORNO DE PROGRAMACIÓN DE LABVIEW

LABVIEW usa un entorno de programación gráfica que originalmente se orientó a la instrumentación virtual, sin embargo actualmente se ha convertido en una herramienta muy valiosa para la realización de aplicaciones embebidas y de rápido desarrollo en el campo de la robótica, debido a la gran variedad de librerías que se incorporan con cada nueva versión del programa.

Las ventajas de desarrollar una aplicación en LABVIEW son varias, primero en la página oficial de National Instruments se pueden encontrar un sin número de aplicaciones que sirven como base para el desarrollo de nuevos proyectos, la mayor parte de los paquetes del programa se encuentran disponibles como versión de prueba, además se tiene la posibilidad de programar una aplicación utilizando lenguaje C y la más importante se pueden ejecutar varios lazos en paralelo lo cual permite una gran optimización del código.

Las librerías empleadas en el presente proyecto permiten un completo análisis, calibración y procesamiento de las señales adquiridas a partir de los sensores, para posteriormente generar historiales de la actividad de la plataforma.

4.1.2. PRINCIPALES CARACTERÍSTICAS DE LABVIEW

El software LABVIEW consta de dos ventanas principales que son el panel frontal y el diagrama de bloques, en el panel frontal se ubica todo lo referente a la visualización de variables del sistema de control, mientras que en el diagrama de bloques se realiza toda la programación pudiendo incluirse elementos predefinidos que mejoran el desarrollo de una aplicación.

La distribución de las diferentes librerías en el programa permite una rápida ubicación de los subvi's requeridos, adicionalmente consta de un buscador de subvi's o de ejemplos, con cada subvi se adjunta información que se despliega como ayuda, indicando los terminales de conexión y el tipo de dato que cada uno de estos es capaz de manejar.

Existen librerías tanto para el diagrama de bloques como para el panel frontal, una ventaja del diagrama de bloques es que nos indica por colores el tipo de dato con el que estamos trabajando, y en caso de incompatibilidad de estos se visualiza un error de conexión que impide la ejecución de la aplicación. La ejecución paso a paso permite observar el comportamiento de las variables en cada ejecución de la aplicación que facilita el análisis y corrección de posibles errores en la programación.

Los ejemplos proporcionados por el programa permiten comprender de mejor forma la utilización de cada uno de los VI's dentro de una aplicación específica, además de contar con soporte en línea que muestran aplicaciones desarrolladas por otros usuarios dentro de la comunidad de National Instruments.

Los ejemplos proporcionados en las ayudas del programa pueden utilizarse sin ninguna restricción, lo único que se debe considerar es que los requerimientos del equipo en el cual se vaya ejecutar la aplicación cumpla con los requerimientos dados por el programa, y sobretodo cuidar mucho el cambio de versiones del programa cuando la aplicación no sea ejecutada en el equipo original.

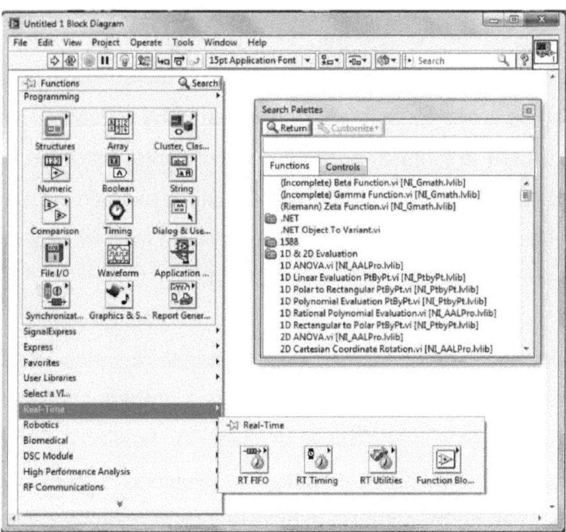

Figura 4.1. Librerías y buscador del programa LABVIEW

4.2 DESARROLLO DEL HMI PARA EL SISTEMA DE NAVEGACIÓN INERCIAL UTILIZANDO LABVIEW

Para desarrollar el HMI se ha buscado optimizar los tiempos de ejecución, por lo cual se han empleado varios lazos en paralelo que realizan una acción determinada de esta forma se consigue un menor tiempo de ejecución de la aplicación en conjunto, a continuación se realizará una descripción de cada bloque del HMI.

4.2.1 VI PARA LA ADQUISICIÓN DE DATOS

La PC y el microcontrolador se unen a los transmisores xbee utilizando comunicación serial con los siguientes parámetros: velocidad de 57600 baudios, 8 bits de datos, sin paridad y con un bit de parada, esta configuración se la puede realizar de forma predeterminada o puede tener parámetros adicionales para ser configurados por el usuario, lo importante de este VI es cuidar que la aplicación no se interrumpa en caso de producirse un error en la lectura de datos.

Para establecer esta comunicación se ha configurado el COM de interfaz con los parámetros indicados anteriormente utilizando el subvi VISA configure serial port, como se muestra en el bloque 1 de la figura 4.2. Como los datos del microcontrolador vienen en formato float se requieren de 4 bytes por cada dato enviado y debido a que la lectura es continua se ha optado por identificar el inicio de una trama para la lectura, para ello previamente los datos se han encriptado entre caracteres terminales lo cual permite saber exactamente el dato leído en el HMI la identificación de trama se la realiza con un lazo while y el subvi VISA read como se muestra en el bloque 2 de la figura 4.2.

Para la lectura de datos inicialmente se comenzó leyendo los datos sin ninguna restricción, sin embargo esto ocasionó muchos problemas debido a que al darse una interrupción en él envió de datos, la aplicación finalizaba con un error teniendo que cerrar el programa por completo, la solucionó a esto fue un lazo while reiterativo tal como se muestra en el bloque 2 de la figura 4.2.

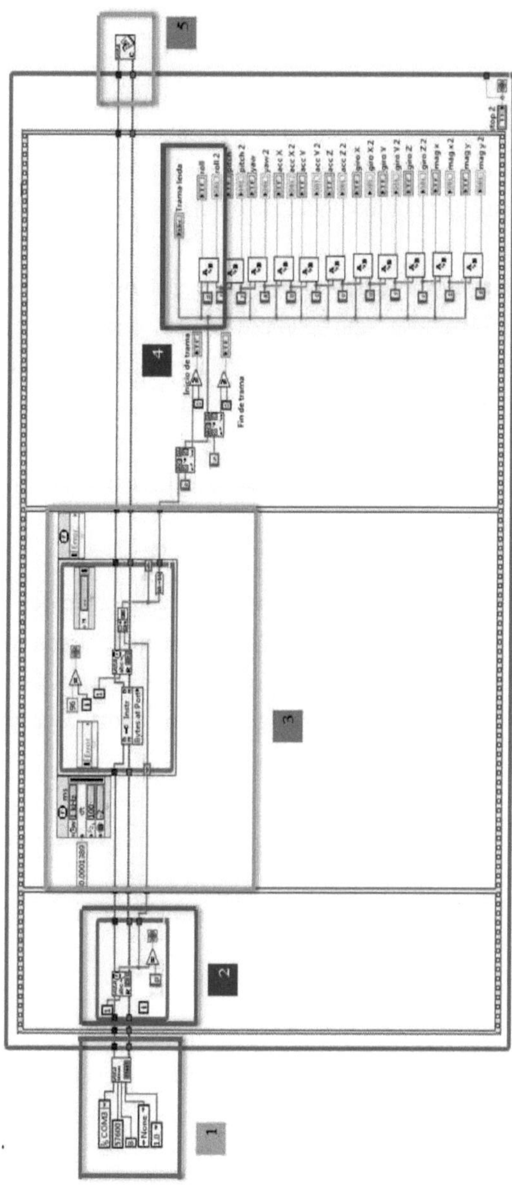

Figura 4.2. VI Para Adquisición de Datos Utilizando Comunicación Serial

Una vez que se identifica el inicio de la trama se inicia la lectura de los datos byte por byte como se muestra en el bloque 3 de la figura 4.2, con esto se consigue una cadena de caracteres con todos los datos sin embargo se necesita un valor numérico para realizar cualquier tipo de análisis, por este motivo se ha transformado los caracteres de la trama en un número formato double utilizando el subvi fract/Exp string to number indicado en el bloque 4 de la figura 4.2.

Finalmente se debe cerrar el puerto de comunicación serial al momento de detener la ejecución de todo el HMI, esto se indica en el bloque 5 de la figura 4.2 en el cual se ha utilizado el subvi VISA close, quedando así completa la rutina para la adquisición de datos.

4.2.2. VI PARA LA VISUALIZACIÓN DE LOS ÁNGULOS DE EULER CON UN OBJETO EN 3D

Para la visualización del objeto en 3D se utiliza un modelo con extensión .stl para ello LABVIEW cuenta con la librería 3D picture control con la cual se carga la imagen de un modelo ubicado en una dirección especifica de computador, en un visualizador ubicado en el panel frontal, en el bloque 1 de la figura 4.3 se puede apreciar la configuración para este propósito.

En el bloque 2 de la figura 4.3 se tienen los subvi's encargados de realizar la rotación del objeto según el ángulo proporcionado, de esta forma se puede visualizar el comportamiento de los ángulos de euler una vez que la IMU ha sido montada sobre la plataforma terrestre.

La rotación del objeto se logró por medio de la implementación de un método en el cual se ingresan los ángulos de rotación en radianes, sin embargo como esta parte del programa depende de las variables que llegan del bloque de adquisición de datos el tiempo de ejecución debe ser de igual al de este bloque ya que de lo contrario se registraran instantes en los cuales las variables que almacenan los ángulos sean 0 mostrando un rebote de la imagen que impide visualizar correctamente el desempeño de la plataforma.

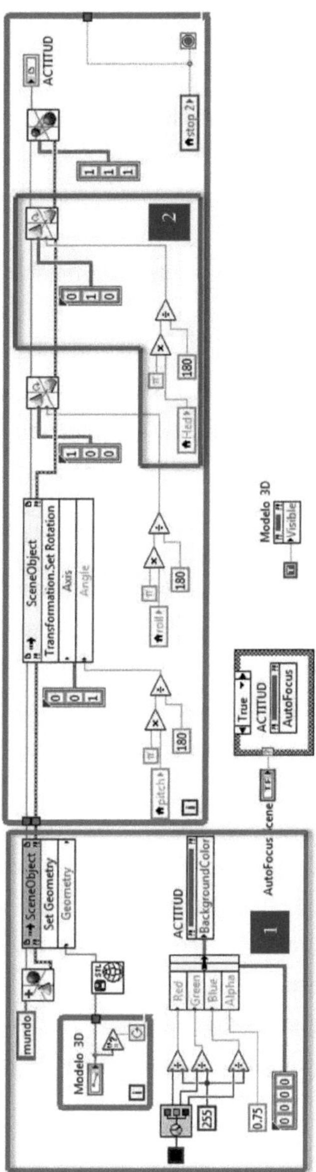

Figura 4.3. VI Para la Visualización de Ángulos de Euler Utilizando un Objeto 3d

4.2.3 VI PARA CALIBRACIÓN DEL MAGNETÓMETRO Y UBICACIÓN DEL NORTE MAGNÉTICO

El objetivo de utilizar un magnetómetro en la plataforma consiste en tener un punto de referencia para la orientación, debido a que el norte magnético siempre se ubica en una misma dirección sin importar donde se encuentre el sistema.

Una vez leídos los datos provenientes del magnetómetro se debe observar el comportamiento de los mismos ante una rotación completa en el plano XY, esto se consigue por medio de un arreglo bidimensional como se indica en el bloque 1 de la figura 4.4, este arreglo aumenta su tamaño en cada interacción del programa, esto no es óptimo, pero es útil para ver el comportamiento del campo magnético en función del desplazamiento, con lo cual se apreciará claramente la necesidad calibrar la orientación mientras la plataforma cambia de posición.

El bloque 2 de la figura 4.4 es un nodo mathscript el cual permite realizar una programación en C++ de la aplicación que se desee realizar y además permite hacer una simulación paso a paso del código implementado, este se encarga de corregir los efectos de interferencia en el campo magnético medido por los sensores y al mismo tiempo se corrigen las singularidades que pueden producirse cuando el campo magnético en el eje x es igual 0.

El bloque 3 de la figura 4.4 se utiliza para ajustar las medidas del magnetómetro, es decir encuentra los parámetros de la curva descrita por los campos magnéticos en el plano XY, estos datos son ingresados a un bloque mathscript por medio del cual se aproxima la respuesta a un círculo unitario el cual está centrado en las coordenadas (0,0), este proceso es realizado de forma manual y puede visualizarse en cada uno de sus puntos es decir antes y después de la calibración de los sensores.

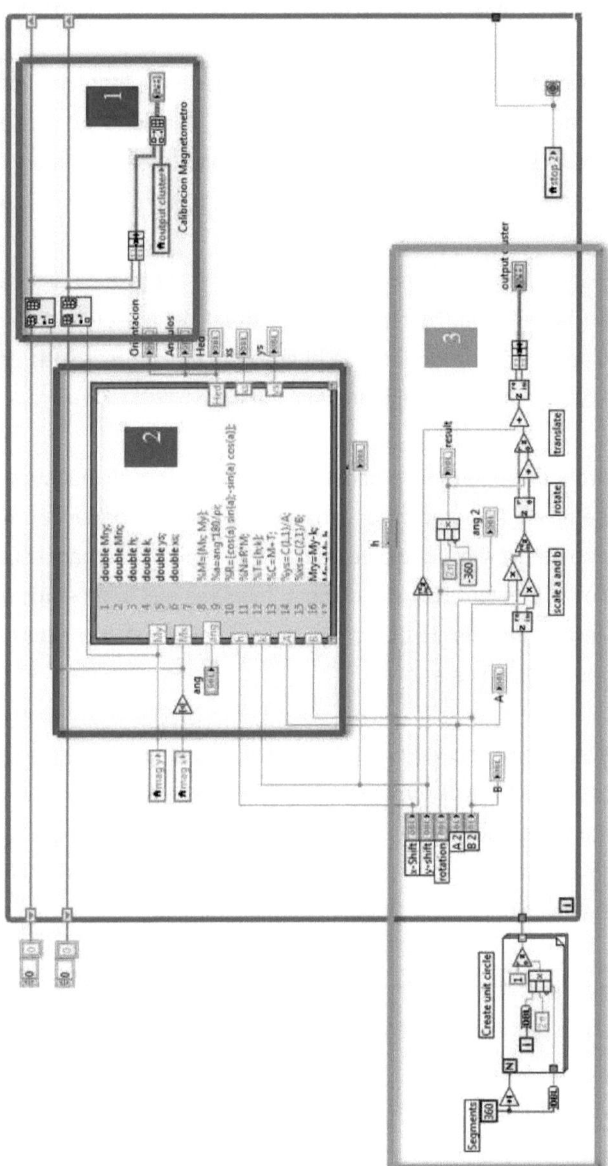

Figura 4.4 VI Para Calibración del Magnetómetro

4.2.4 VI PARA LA ESTIMACIÓN DE LA POSICIÓN DE LA PLATAFORMA

El bloque 1 de la fig. 4.5 realiza la función de filtrado e integración, para lo cual se ha tomado historiales de la respuesta de velocidad y aceleración para posteriormente realizar las correcciones pertinentes en las señales de respuesta. Los historiales se almacenan como un archivo .xlm que es compatible con excel.

El bloque 2 de la fig. 4.5 se encarga de discriminar las inversiones de fase que se producen en la velocidad por respuesta natural de acelerómetro, todo esto se realiza mediante un nodo de formula el cual toma cinco muestras de la señal de entrada y realiza la acción pertinente en cada caso.

Un parámetro muy importante a considerar es el tiempo de muestreo, esto debido a que los datos de aceleración usados en los cálculos dependen del bloque de adquisición de datos, si el tiempo es demasiado pequeño habrán instantes para los cuales la aceleración tome el valor de cero, mientras que si el tiempo es demasiado grande se tendrá perdida de datos, en cualquiera de los dos casos el cálculo de estimación de posición es erróneo.

En la figura. 4.5 se puede ver que las señales de aceleración de los ejes x y y son adquiridas y procesadas de forma continua para posteriormente realizar un historial del comportamiento de la posición en función del tiempo, adicionalmente se ha desarrollado en base a los ejemplo de LABVIEW un modelo 3d que permite visualizar el movimiento de la plataforma en el plano XY.

El tiempo que la aplicación utiliza para procesar la señal recibida de los sensores, hace que la visualización presente un pequeño retardo con respecto al movimiento de la plataforma, sin embargo esto no es un factor determinante en la estimación de la posición ya que en ningún momento se están perdiendo los datos.

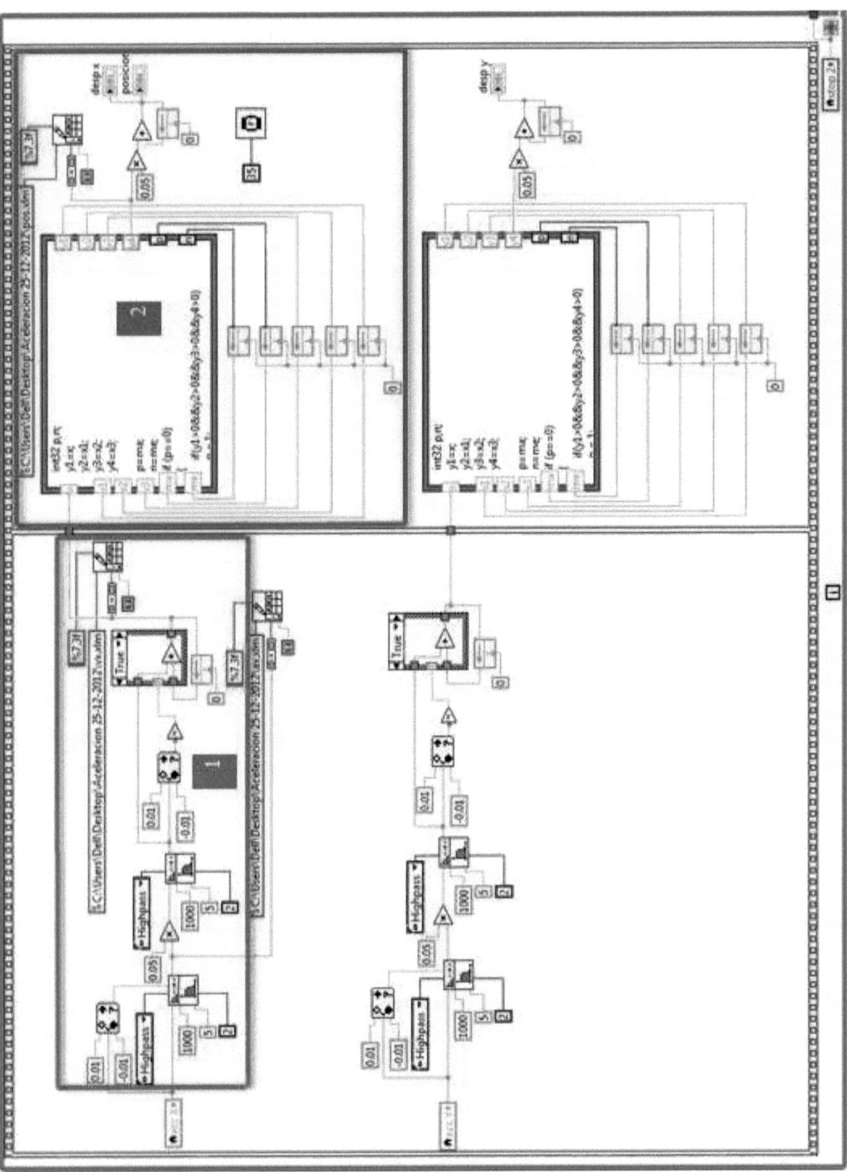

Figura 4.5. VI Para la Estimación de la Posición

4.2.5 VI PARA LA VISUALIZACIÓN DEL DESPLAZAMIENTO EN EL PLANO XY

Para visualizar el desplazamiento de la plataforma en el plano XY se ha utilizado un arreglo de datos que se actualiza cada 50000 muestras, debido a que si el arreglo se mantiene creciendo constantemente consumirá recursos en la ejecución del HMI. Se ha optado por realizar una actualización de datos en la cual los datos almacenados hasta las 50000 ejecuciones se borran y se inicializa el arreglo de datos.

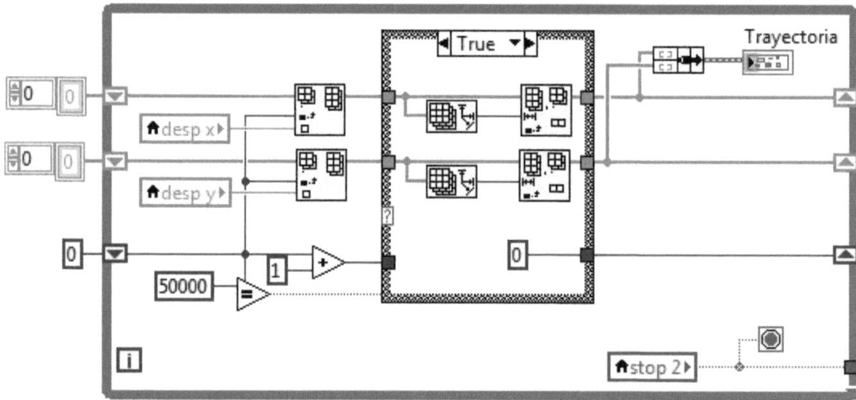

Figura 4.6 VI Para la Visualización del Desplazamiento en el Plano XY

4.2.6 VI PARA LA POSICIONAMIENTO POR GPS

Mediante el código mostrado en la figura 4.7 se tiene la posibilidad de mostrar la ubicación de la plataforma utilizando los datos entregados por el GPS, el cual nos indica la longitud y la latitud de la del receptor GPS el cual está montado sobre la plataforma, por medio de una dirección URL se llama al visualizador de google maps el cual carga los mapas mediante internet y nos muestra en tiempo real, la ubicación de la plataforma, la única limitante es que si no se cuenta con internet, la el mapa no aparecerá en el visualizador.

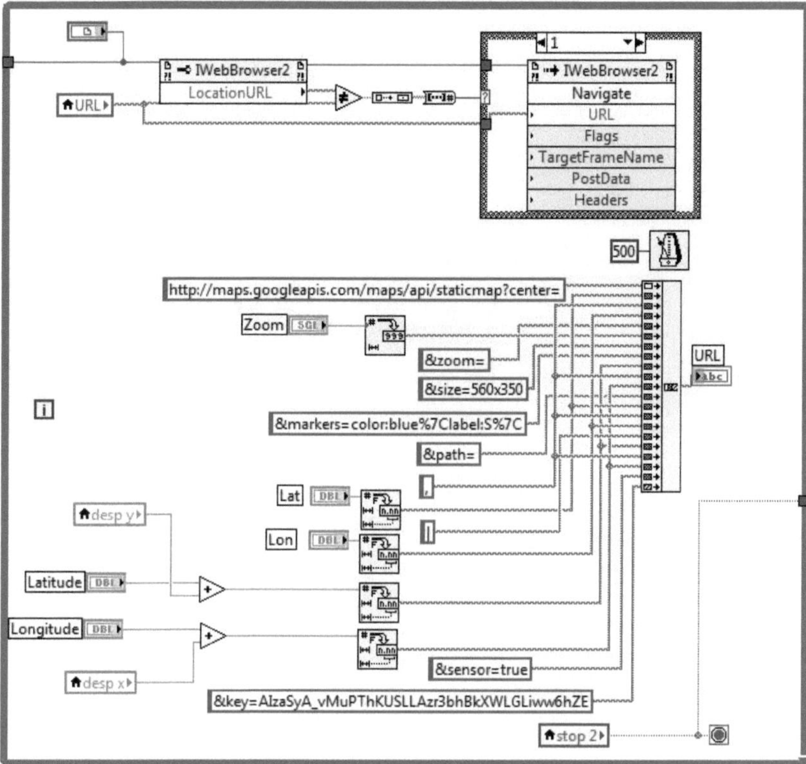

Figura 4.7 VI Para el Posicionamiento Utilizando GPS

4.2.7 PANEL FRONTAL DEL HMI

El HMI del INS consta de un panel principal en el cual se encuentran los diferentes bloques del sistema tal como se muestra en la figura 4.8, estos bloques en conjunto permiten al usuario visualizar, controlar y calibrar algunos de los parámetros del sistema.

Cada una de las ventanas fue elaborada de forma que la información no se aglomere ante la vista del usuario, permitiendo una fácil compresión de cada señal mostrada

Figura 4.8 Pantalla de inicio del HMI

Se tienen los siguientes bloques:

- Adquisición de datos
- Sistema de Actitud
- Sistema de Posición
- Sistema de Orientación
- Posicionamiento por GPS
- Modo de pruebas

4.2.7.1 Adquisición de datos

La adquisición de datos consta de visualizadores para las señales provenientes del microcontrolador, adicionalmente se puede ver la trama que se está recibiendo, como los datos se encuentran encerrados dentro de una trama, puede darse el caso en el cual el envío y recepción de datos se interrumpa en cuyo caso se debe suspender el HMI y proceder a guardar los datos recibidos hasta ese instante, en las pruebas realizadas la única forma para que se interrumpa el envió de datos fue la perdida de alimentación del control o por perdida en el enlace de los xbee.

Los visualizadores en función del tiempo permiten una mejor precepción de los datos más relevantes tal como se muestra en la figura 4.9 que en este caso son los datos de los acelerómetros y giroscopios.

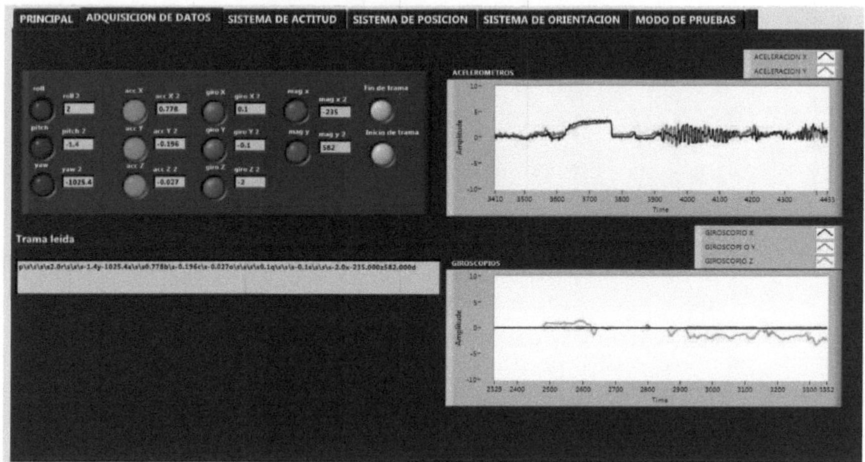

Figura 4.9 Enlace del panel frontal para la visualización de datos

4.2.7.2 Sistema de Actitud

Para la visualización de la actitud de la plataforma se ha empleado un modelo 3d junto con un visualizador de ángulos de roll y pitch como se muestra en la figura 4.10.

Los indicadores gráficos son historiales del comportamiento de la plataforma y es muy útil para realizar las pruebas de funcionamiento ya que nos indica posibles oscilaciones en los datos debido a las vibraciones de la plataforma o a cualquier otro factor externo, que no se pueden apreciar fácilmente por el ojo humano, pero que están presentes y pueden accionar un mal funcionamiento del sistema.

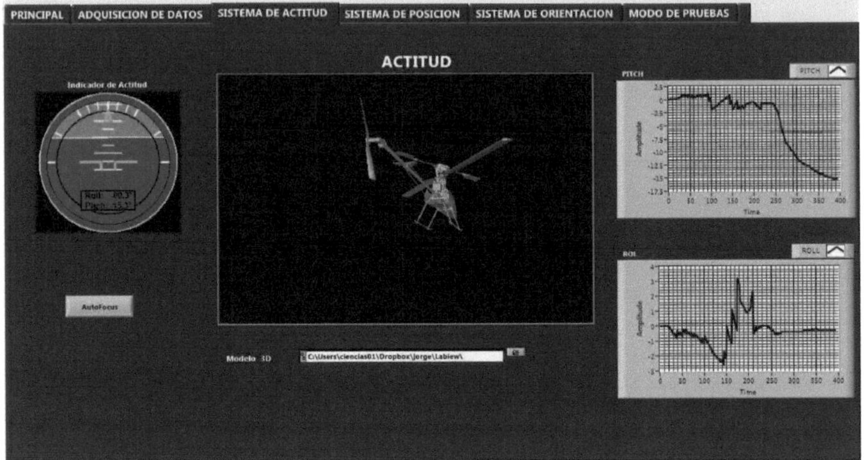

Figura 4.10 Enlace del panel frontal para la visualización de actitud

Para visualizar el modelo 3d es necesario llamar a la ubicación del mismo ya que este es un archivo externo a LABVIEW, para esto se cuenta con un buscador que trabaja igual que cualquier otro usado en el entorno de windows, no es necesario cargar el archivo para ejecutar la aplicación, se puede realizar la búsqueda incluso una vez ejecuto el HMI es indispensable cargar a la aplicación solamente archivos con la extensión .stl, inmediatamente aparecerá una imagen que se comportara en función de los ángulos de roll, pitch y yaw.

La opción de autofocus permite que la imagen se centre y se ajuste a las dimensiones del visualizador 3d, es importante siempre tener presionado este botón antes de cargar el modelo de lo contrario será imposible la visualización si las dimensiones del modelo 3d sobrepasan a las del visualizador.

4.2.7.3 Sistema de Posición

En el sistema de posición se puede visualizar el desempeño de la plataforma a medida que esta se desplaza, como el movimiento de la plataforma es en el plano se tiene un visualizador de las coordenadas XY que va tomando la plataforma a medida que se desplaza, los visualizadores en el tiempo permite ver de mejor forma el comportamiento de los desplazamientos en cada uno de los ejes, por último el modelo 3d del vehículo se desplaza en función de la velocidad instantánea e indica la posición a lo largo del tiempo.

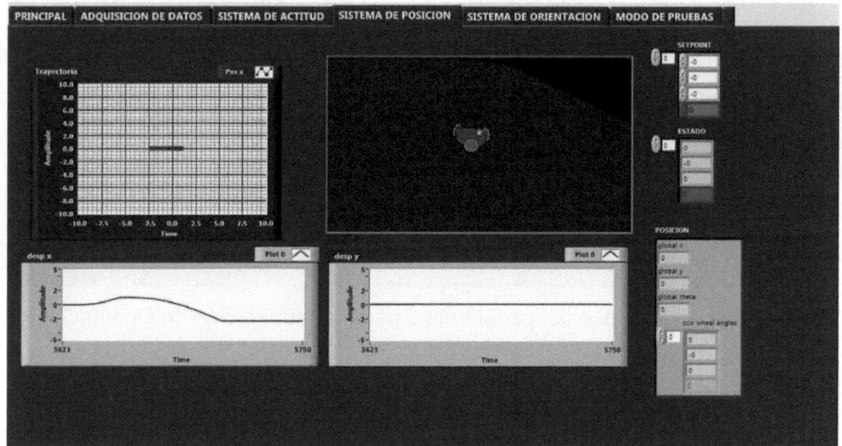

Figura 4.11 Enlace del panel frontal para la visualización de posición

4.2.7.4 Sistema de Orientación

El sistema de orientación consta de un visualizador del campo magnético x y y así como de un indicador del norte magnético, adicionalmente y como se ha mencionado en el desarrollo del presente proyecto, siempre es necesaria una calibración previa del sistema de orientación debido a que el entorno en el que se va a manejar la plataforma no siempre es el mismo.

Los botones cumplen las siguientes funciones:

A2 = aumenta la diagonal del eje x

B2 = Aumenta la diagonal del eje y

x-shift = Desplaza la curva a lo largo del eje x

y-shift = Desplaza la curva a lo largo del eje y

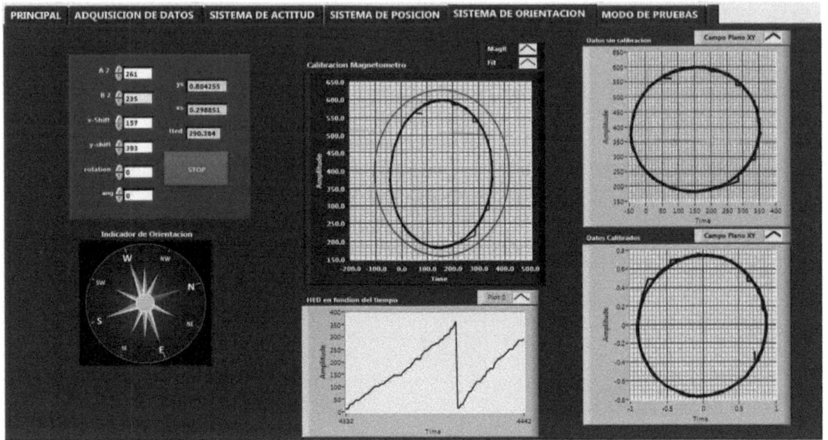

Figura 4.12 Enlace del panel frontal para la visualización de Orientación

En la figura 4.12 se muestra las señales de campo magnético registradas por los sensores, antes y después de calibración así como el desempeño del ángulo de orientación al producirse un giro de 360 de la plataforma las pequeñas distorsiones que se muestran ocasionan un efecto de vibración en la visualización

4.2.7.5 Posicionamiento por GPS

En la figura 4.13 se muestra la pantalla para posicionamiento de la plataforma por medio de GPS, se tienen la opción de zoom que permite visualizar la ubicación de mejor forma a nivel global, las longitudes y latitudes iniciales dependen de la ubicación de la plataforma y estas se actualizan a medida que esta experimenta desplazamientos, sin embargo se requiere una variación considerable para que pueda ser apreciada en el mapa a nivel macro.

En la pantalla adicionalmente se puede visualizar la dirección con la cual se llama al mapa a través del internet como toda la programación se realiza por medio de lazos que siempre se repiten se presentó el inconveniente que para un número determinado de llamadas a la misma dirección esta se bloquea mostrando una imagen de error, para corregir este inconveniente se utilizó una clave proporcionada a través una cuenta de google, que permite a un usuario registrado hacer un uso ilimitado de los recursos disponibles para el desarrollo de aplicaciones API (Application Programming Interface).

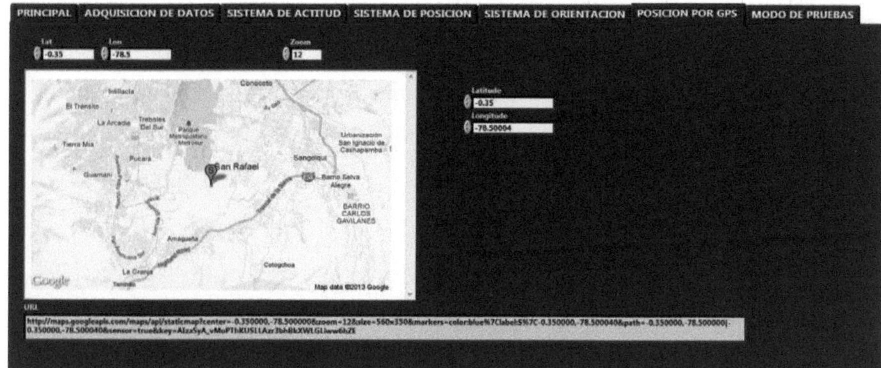

Figura 4.13 Enlace del panel frontal para el posicionamiento por GPS

4.2.7.6 Modo de pruebas

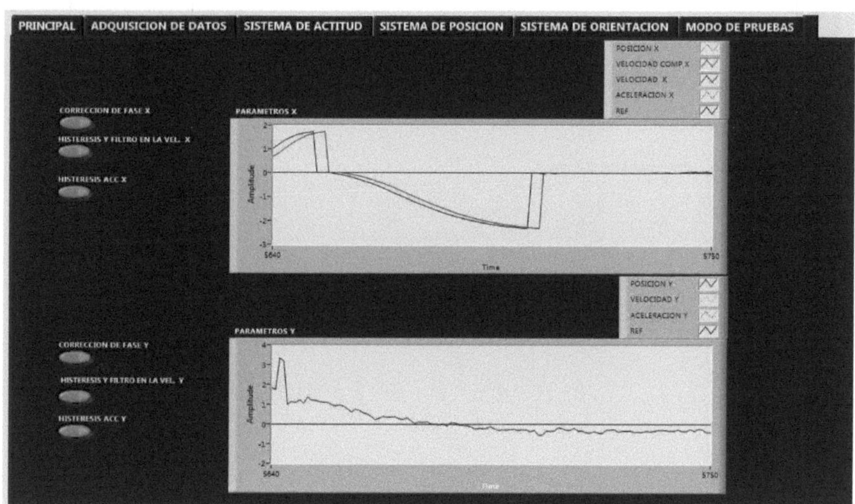

Figura 4.14 Enlace del panel frontal para el modo de pruebas

Para el modo de pruebas se tiene la posibilidad de observar las señales de aceleración con y sin las calibraciones correspondientes, lo cual es muy importante para dar a conocer la respuesta de los acelerómetros en cada punto de integración.

Estas señales se han tomado en los dos ejes en los cuales se desplaza la plataforma, como la integración para calcular la velocidad y la posición no se pueden visualizar directamente es necesario contar con un visualizador gráfico que permita crear un historial de comportamiento de estas variables.

CAPÍTULO 5

PRUEBAS Y RESULTADOS EN UN VEHÍCULO MÓVIL

El presente capitulo muestra los resultados obtenidos de las diferentes pruebas realizadas en el transcurso del desarrollo del proyecto. Estas pruebas fueron realizadas en el laboratorio de energía de la facultad de Ciencias de la Escuela Politécnica Nacional, lugar en el cual se desarrolló el proyecto de titulación como parte del prototipo cero del autopiloto de un UAV.

Las siguientes pruebas se realizaron en un vehículo móvil terrestre ensamblado en este proyecto, como se indica en el capítulo 2, el cual fue designado por el proyecto UAV para ejercer las primeras pruebas del proyecto y de esta forma salvaguardar el UAV por su elevado costo.

5.1. PRUEBAS DE SENSORES

Es necesario verificar el funcionamiento correcto de los sensores, de las unidades de medidas, filtros de ruido, comprobar la eliminación del desvió inicial y progresivo de la medida (bias) respecto a los ejes de coordenadas

5.1.1. MEDIDAS DEL ACELERÓMETRO

Idealmente en estado de reposo las medidas en el eje x y y deben ser cero y en el eje z debe ser -1 debido al efecto de la gravedad, el signo negativo se debe a la dirección de la gravedad, y para tener una mejor percepción de las medidas del sensor se transforma a unidad de [g]. Se puede observar en la figura 5.1 las medidas directas de cada eje entregadas por el acelerómetro y se nota que tienen un bias inicial en la medida de cada eje.

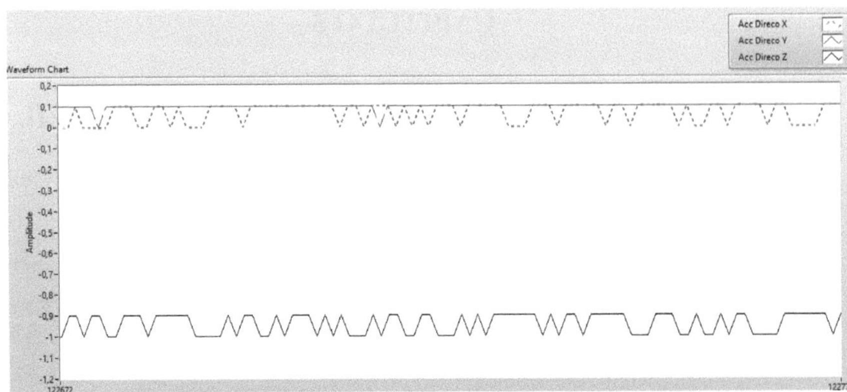

Figura 5.1. Medidas directas de cada eje del acelerómetro

Para corregir este bias inicial se realiza una calibración según el algoritmo mostrado en la figura 3.2, con esta corrección se puede observar en la figura 5.2 que las medidas iniciales parten aproximadamente de las medidas ideales.

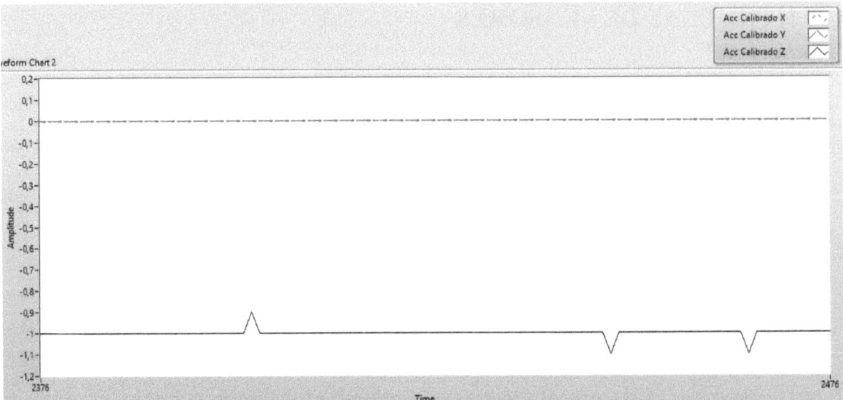

Figura 5.2 Medidas calibradas de cada eje del acelerómetro

Aun así se puede observar pequeños cambios de medida en cada uno de los ejes cuando el acelerómetro se encuentra en reposo (nivel cero). Se observa en la figura 5.2 que el valor máximo de este bias es de 100 mg en cada eje, el cual está dentro del rango de la tolerancia de medida en el nivel cero de los ejes x y y (±150 mg) y del eje z (±250 mg) indicado en la hoja de especificaciones del sensor.

Como se observa estas medidas son ruidosas, por lo cual se ha utilizado un LWMA explicado en el apartado 3.1.1 para corregir estas medidas.

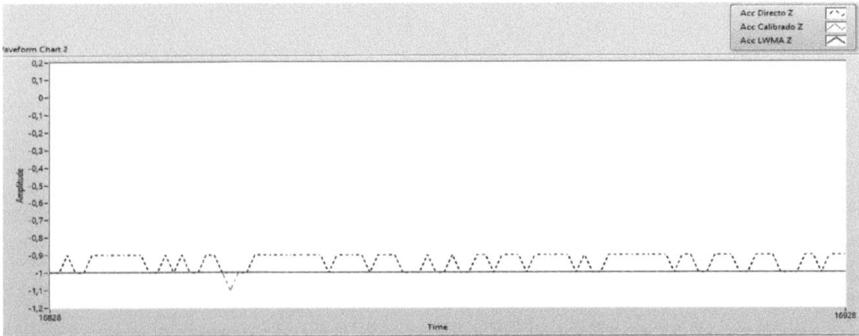

Figura 5.3 Comparación de la medida del eje Z directa, calibrada y con LWMA en reposo

En la figura 5.3 se visualiza la señal del acelerómetro adquirida directamente, calibrada y la misma señal procesada a través del LWMA, se observa que la señal después de haber aplicado el LWMA no tiene ruido y también ha suprimido el bias variable en el nivel cero.

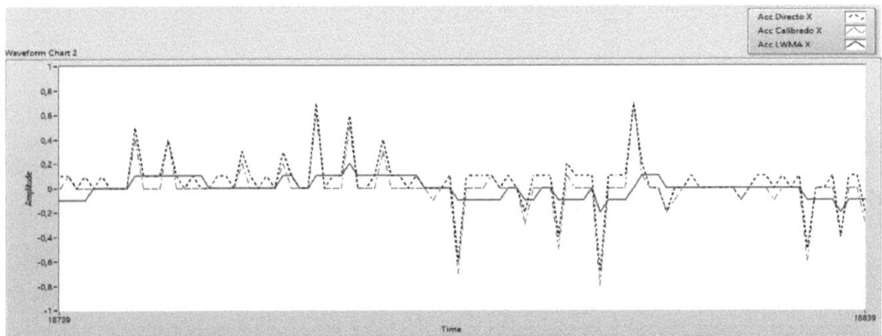

Figura 5.4 Comparación de la medida del eje X directa, calibrada y con LWMA con vibración

En la figura 5.4 se realiza la comparación entre las señales del eje Z del acelerómetro directa, calibrada y con LWMA, donde se observa que el ZLWMA aparte de retira el bias inicial variable de la medida, atenúa los picos de la medida ante una perturbación.

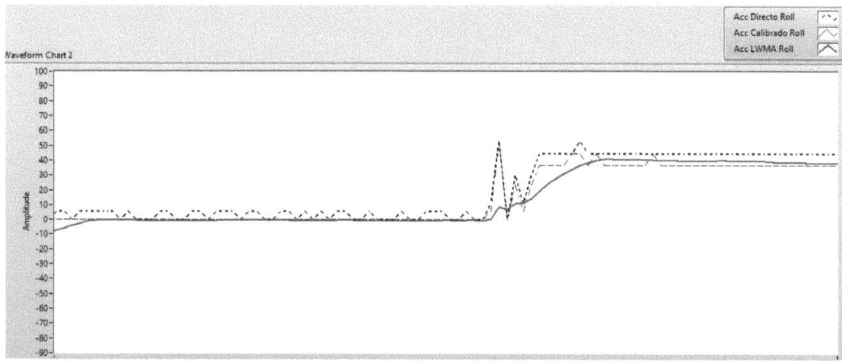

Figura 5.5 Comparación de la medida del Roll directo, calibrada y con LWMA en base al acelerómetro

La última prueba realizada solo con el acelerómetro es la mostrada en la figura 5.5 donde se observa la media de pitch directa, calibrada y con LWMA calculada desde el acelerómetro, como se puede observar después de realizar un cambio brusco de 0° a 40° en ángulo pitch con LWMA es el más estable y cercano al ángulo real, por esta razón, esta señal se utilizara como observación del filtro de Kalman.

5.1.2. MEDIDAS DEL GIROSCOPIO

De la misma forma como se revisó los resultados de las medidas del acelerómetro se realiza con el giroscopio, todas las medias estarán en [°/s], primero se observara las señales directas de cada eje adquiridas por el giroscopio, mostradas en la figura 5.6. Se puede observar que existe un bias inicial en la medida de cada eje, este error se puede corregir realizando una calibración con el algoritmo indicado en la figura 3.2.

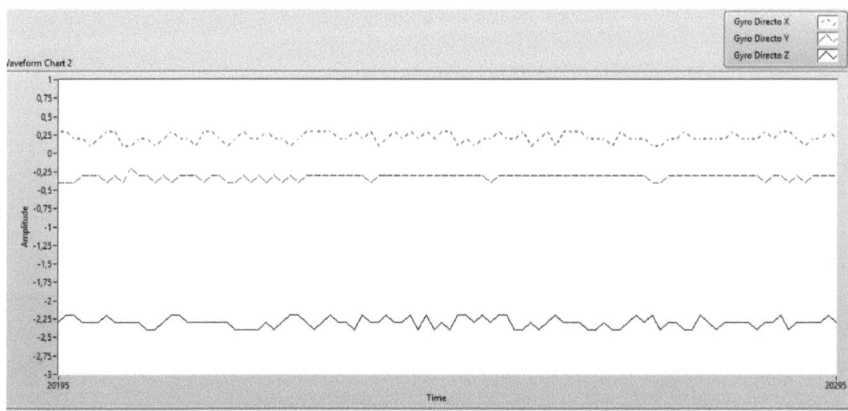

Figura 5.6 Medidas directas de los ejes del giroscopio

Para corregir este bias inicial se realiza una calibración según el algoritmo mostrado en la figura 3.2, con esta corrección se puede observar en la figura 5.7 que las medidas iniciales parten aproximadamente de las medidas ideales.

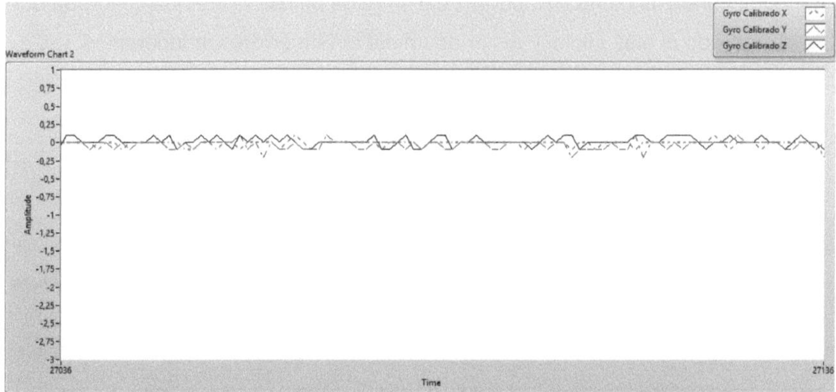

Figura 5.7 Medidas Calibradas de los ejes del giroscopio

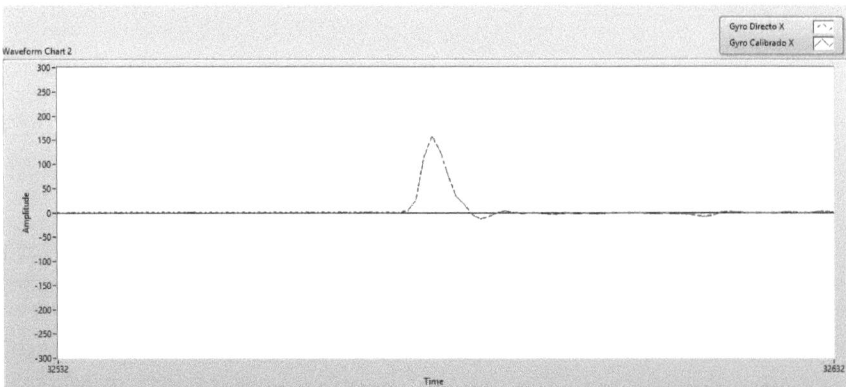

Figura 5.8 Comparación de medidas directa y calibrada del eje Y del giroscopio

La figura 5.8 muestra la señal del eje Y directa y calibrada del giroscopio al tener un cambio en la medida, como se puede observar a simple vista no tiene ninguna diferencia pero como se observó en la figura 5.6, la medida directa tiene un bias inicial de aproximadamente 2.5 °/s y este bias se podría ir acumulando al realizar métodos iterativos como RK, por lo cual se debe utilizar la medida calibrada donde se ha retirado el bias inicial y evitar acumulación de errores innecesarios.

5.1.3. MEDIDAS DEL MAGNETÓMETRO

La lectura de los datos provenientes del magnetómetro nos permiten obtener el comportamiento del mismo, para esto se ha muestreado los datos durante varias rotaciones de 360º de la plataforma, con lo cual se obtiene un conjunto de datos de campo magnético tanto en el eje y como en el x.

Con los datos obtenidos se procede a graficar en el plano los datos y vs x, en el grafico 5.9 se pueden indicar varios aspectos, primero los sensores describen una curva que se asemeja a un circulo pero es importante notar que este no se encuentra centrado en el origen, esto se debe principalmente a que la forma en la que el campo magnético incide en la tierra depende mucho de la ubicación en la que nos encontremos, además hay que tomar en cuenta si existe la presencia de objetos como celulares, antenas o cualquier otro equipo que emita algún tipo de radiación.

Las interferencias producidas por los equipos a nuestro alrededor ocasiona que la circunferencia descrita por los sensores tenga una mayor tendencia a ser una elipse y al mismo tiempo la rotan y trasladan con respecto a la referencia (0,0).

Otro aspecto muy importante es que previo un manejo de la plataforma esta debe ser calibrado para el entorno en el que se va a movilizar, esto debido a que como ya se mencionó anteriormente la respuesta de orientación varía cuando se tiene un desplazamiento considerable.

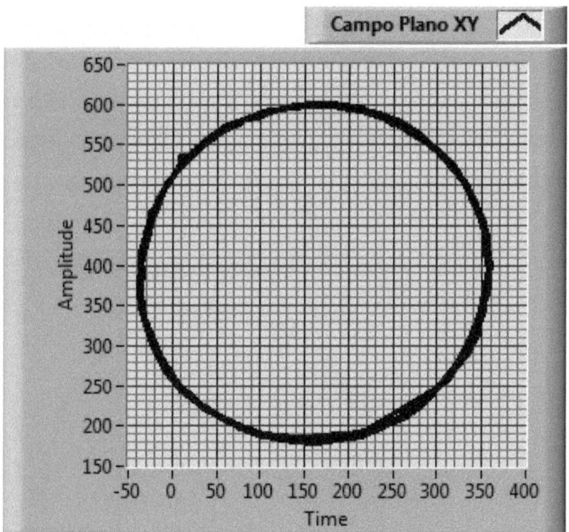

Figura 5.9 Campo magnético x y y leído directamente del sensor

Para corregir las distorsiones producidas en la respuesta de los sensores, se ha empleado una aproximación en la cual gráficamente se trata de buscar los parámetros de la circunferencia desplazada, esto lo puede realizar el usuario directamente en el HMI.

El proceso de corrección consiste en lo siguiente, primero se busca el valor de los diámetros de la curva inicial es decir de la que no está compensada, estos diámetros se denominaron A para el eje x y B para el eje y, con estos valores se compensa los ensanchamientos y achatamientos, mediante una división para corregir el factor de escala, con lo cual se limita la respuesta a un valor que va de 0 a 1.

Segundo se busca el desplazamiento que tiene la curva con respecto al origen, para esto se resta en cada instante los valores encontrados en cada eje denominándose los desplazamientos como h para el eje x y k para el eje y con esto se elimina el efecto de offset presente en las medidas.

En la figura 5.10 se puede apreciar el campo magnético x y y una vez que ya han sido compensados para el ambiente en el cual van a ser utilizados, si bien el centrado no es tan preciso, una caracterización de este tipo es suficiente para obtener una buena orientación, ya que se emplea la función trigonometría tangente inversa para calcular el ángulo, por lo que un pequeño desvió es despreciable en los cálculos.

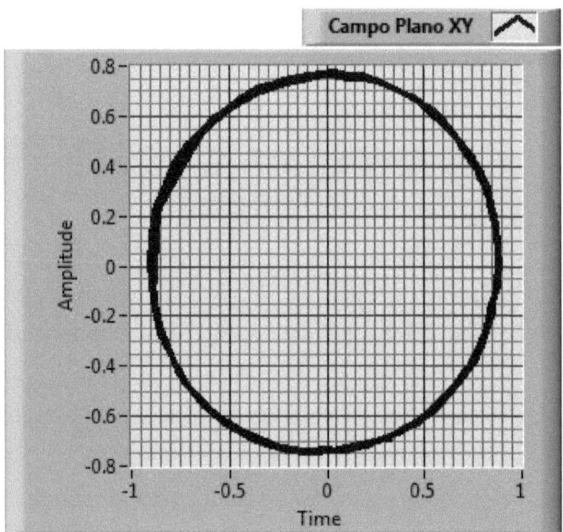

Figura 5.10 Campo magnético x y y compensados

5.2. PRUEBAS DE ACTITUD APLICANDO FKE

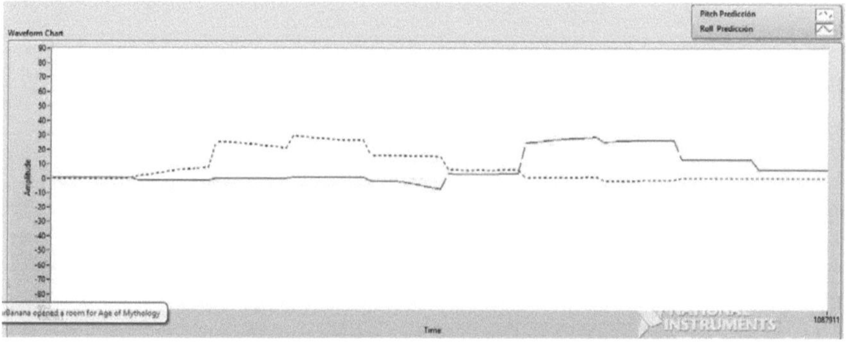

Figura 5.11 Señales de la predicción del FKE

Después de obtener una medida apropiada del giroscopio se aplica el método de RK para realizar la predicción de la actitud basada en el algoritmo del filtro de Kalman extendido indicado en la figura 3.7, estas señales se observan en la figura 5.11, donde se ha realizado un cambio momentáneo en cada ángulo de aproximadamente 40°

Después de haber observado la predicción, se visualizará la medida de actitud obtenida del FKE. En la figura 5.11 se compara la medida del ángulo roll entregada por el acelerómetro a través del LWMA (negra), la medida del ángulo roll entregada por la predicción del FKE basado en las medidas del giroscopio (azul) y la medida del ángulo roll entregado por el FKE (roja).

La unidad de medida inercial (IMU) ha sido expuesta a una perturbación oscilatoria, con el propósito de realizar las pruebas y se han obtenido las señales mostradas en la figura 5.12, donde se puede apreciar que tanto que la señal del ángulo roll del LWMA y la predicción son sensibles en respuesta a esta perturbación, sin embrago la señal del ángulo roll del FKE se ha mantenido casi constante a pesar de la perturbación.

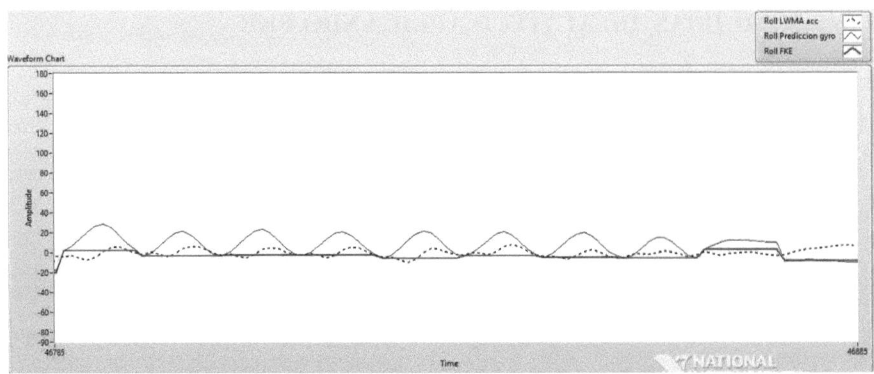

Figura 5.12 Comparación del ángulo pitch obtenidos del acelerómetro, predicción y FKE ante perturbación

La figura 5.13 muestra la medida del ángulo roll, obtenida en base al giroscopio y la medida obtenida aplicando el FKE. Se puede observar que el ángulo pitch obtenido en base al giroscopio con el transcurso del tiempo se va acumulando su bias, por lo cual su medida deja de ser confiable, mientras que al aplicar el FKE esta misma media con un bias acumulado conforme pasa el tiempo es corregida. De esta forma cuando el robot móvil se encuentre en reposo la medida del ángulo pitch será de 0°.

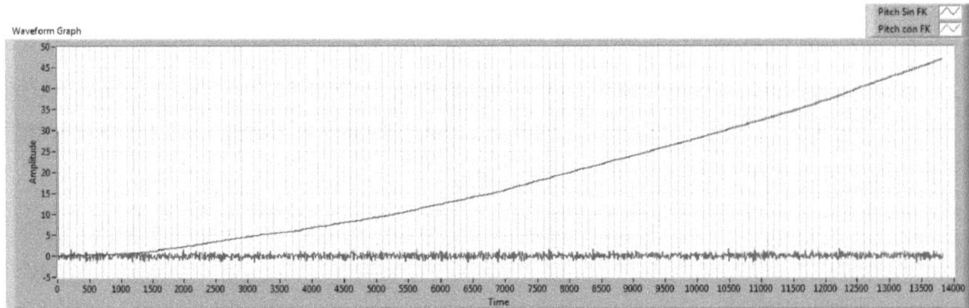

Figura 5.13 Comparación del ángulo pitch obtenidos del giroscopio y FKE en nivel cero

El mismo procedimiento se realiza para el ángulo roll, de esta forma las medidas entregadas por el FKE se utilizaran para la visualización de la actitud del robot móvil.

5.3. PRUEBAS DE ORIENTACIÓN

En la figura 5.14 se tiene la respuesta del ángulo en función del tiempo, se puede apreciar que la caracterización se aproxima a una rampa lineal con pico en 360, sin embargo este cálculo de orientación solo se realizó para rotaciones en el plano, debido a la naturaleza de la plataforma ya que esta solo puede realizar este tipo de rotaciones.

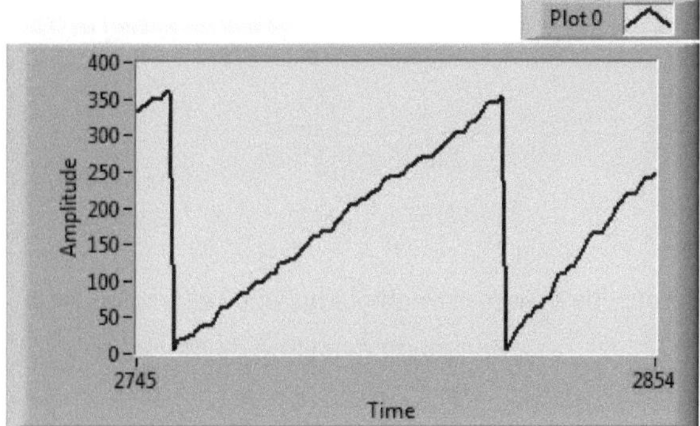

Figura 5.14 Campo magnético x y y compensados

5.4. PRUEBAS DEL SISTEMA DE POSICIONAMIENTO

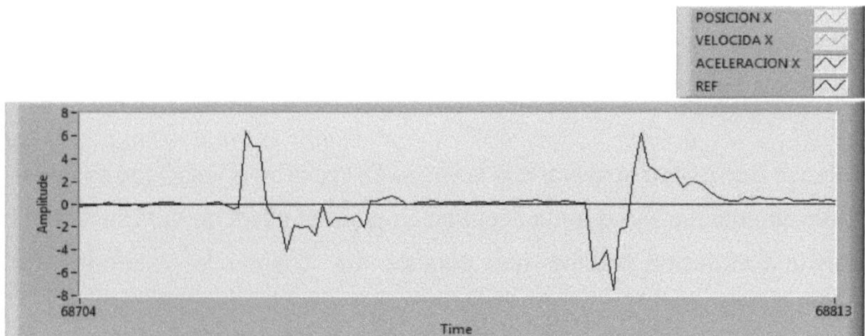

Figura 5.15 Aceleración con filtro pasa bajos con un tiempo de muestreo de 50 ms

Se realizaron pruebas de respuesta dinámica del acelerómetro con lo cual se identificó un patrón de comportamiento del sensor ante un movimiento determinado, en la figura 5.15 se pueden apreciar dos inicios de fase que corresponden a un movimiento en el eje x, el inicio negativo corresponde a un movimiento en el eje x negativo mientras que un inicio positivo corresponde a un movimiento en el eje x positivo.

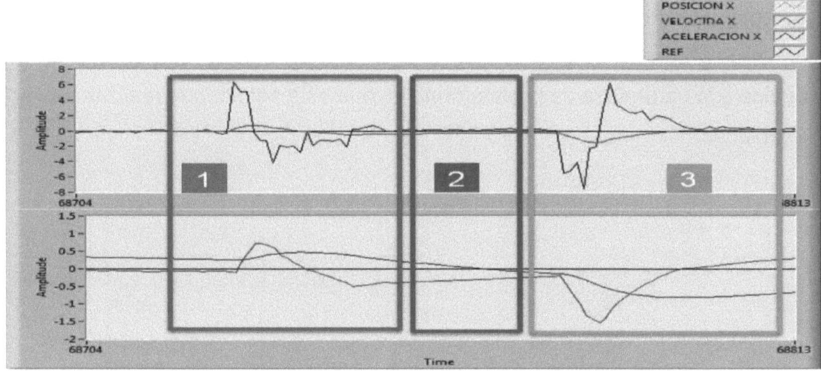

Figura 5.16 Velocidad y posición obtenidas por integración de la aceleración a un tiempo de muestreo de 50 ms

Para obtener la velocidad, se realiza una integración punto a punto utilizando el método de rectángulos, en el bloque 1 de la figura 5.16 la velocidad debe experimentar solo una variación positiva, sin embargo los picos negativos en la aceleración producen también una variación negativa de velocidad, además como existe un offset en la aceleración se produce una acumulación de error en la velocidad cuando la plataforma permanece en reposo tal como se muestra en el bloque 2 de la figura 5.16.

En el bloque 3 se puede observar que la variación inicial de la velocidad es negativa, pero nuevamente por picos en la aceleración y por el offset de la misma, se tiene también una variación positiva que persiste aun cuando la plataforma ya se encuentra en reposo.

En el gráfico inferior de la figura 5.16, se muestra la señal de posición calculada por medio de integración de la velocidad utilizando el método de rectángulos, el offset presente en la aceleración también se refleja en la velocidad y se acentúa más en la posición, para una variación en la aceleración la posición debería variar linealmente hasta que la plataforma llegue al reposo una vez en ese punto la posición debe mantenerse constate has que exista otra variación de aceleración.

Sin embargo en el grafico inferior de la figura 5.16 se puede apreciar que la posición (gráfica azul) varía a cada instante aun cuando la plataforma ya no presenta aceleración (gráfica superior morada).

El offset de la aceleración es prácticamente despreciable, sin embargo el offset en la velocidad es muy significativo, como se muestra en el grafico inferior de la figura 5.16, para suprimir este efecto se utiliza un filtro pasa altos butterworth con un lazo de histéresis que lleva a la señal a cero cuando esta entra en un rango de ± 0.01 m/s^2.

En la figura 5.17 se puede apreciar como la señal de velocidad regresa a cero al momento esta entra en el rango de histéresis, y tal como se puede apreciar en el bloque 1 y 2 del gráfico inferior de la figura 5.17 la posición se mantiene constante cuando el offset de la velocidad se suprime.

Con esto se mejoran los resultados de estimación de posición, sin embargo la velocidad presenta un efecto de cambio de fase debido a los picos de aceleración en el frenado y por la introducción del filtro pasa altos.

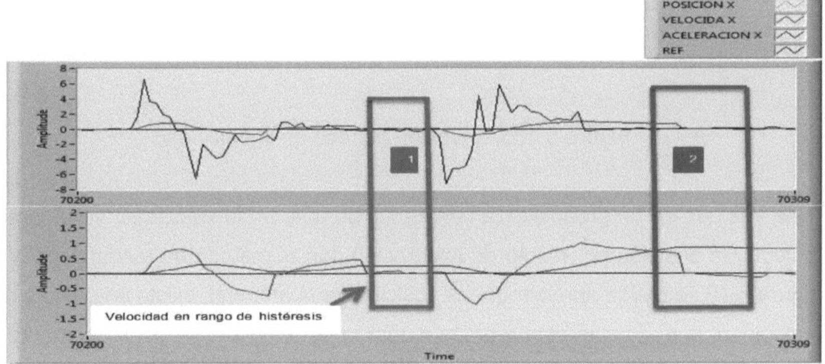

Figura 5.17 Velocidad y posición obtenidas por integración de la aceleración con filtro pasa alto y lazo de histéresis en la salida de velocidad

En la figura 5.18 se puede apreciar la inversión de fase que se produce en la velocidad (grafica negra), esta muestra de velocidad fue tomada con un movimiento en el eje x+ de la plataforma, por lo que no debería existir una velocidad negativa.

Para corregir este efecto se realiza un muestreo de la señal en la cual se toma el signo inicial al momento de darse una variación de velocidad, como esta es cero cuando la plataforma se mantiene en reposo, un cambio en el signo de velocidad puede darse por dos razones ya sea porque la plataforma experimento un desplazamiento en la dirección contraria, o por los picos de aceleración al momento del frenado.

Si el cambio de signo se mantuvo por más de 3 muestras, este cambio fue producido por inversión de movimiento de la plataforma, sin embargo si el cambio se dio en menos de 3 muestras esto es por picos en la aceleración, en cuyo caso se debe corregir el signo, obteniendo una respuesta como se indica en la figura 5.18.

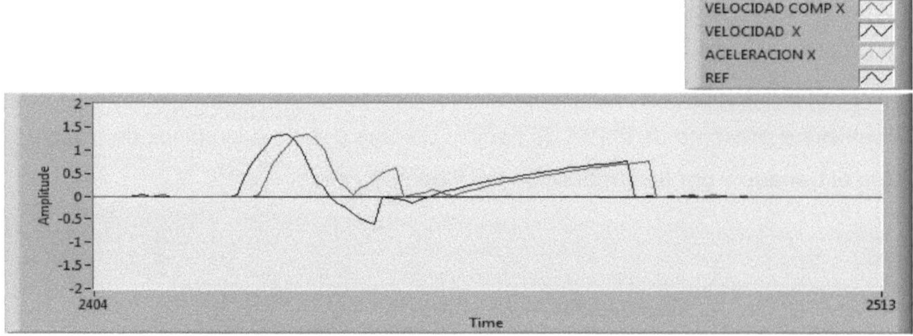

Figura 5.18 Corrección de fase en la velocidad

Una vez que se ha producido la corrección de fase en la velocidad, se procede a calcular la posición por medio de integración con el método de rectángulos, en la figura 5.19 se puede apreciar que la posición varia mientras existe un cambio en la velocidad, una vez que esta regresa a cero la posición se mantiene constante, en el último valor calculado, este comportamiento debe observarse tanto para velocidades positivas como para negativas.

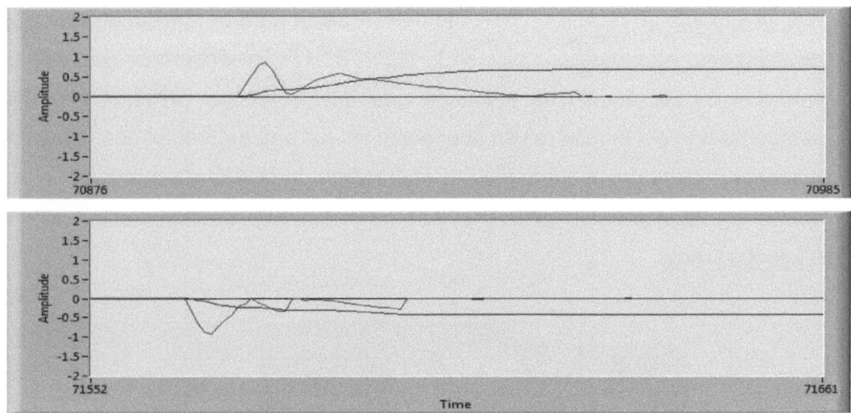

Figura 5.19 Posición estimada para movimiento positivo de 1 m (grafica superior) y para un movimiento negativo de -0.5 m (grafica inferior)

5.5. COMPARACIÓN REALIZADA DE LA IMU DESARROLLADA Y LA IMU COMERCIAL

En la figura 5.20 se puede apreciar las respuestas de la IMU comercial y de la IMU desarrollada ante una inclinación de ángulo pitch, en las dos imágenes se puede visualizar una pequeña variación del ángulo roll, esto es debido a la sensibilidad del sistema, sin embargo el ángulo de orientación que entrega la IMU comercial presenta una gran desviación, con respecto al norte magnético real, esta es una gran ventaja que presenta la IMU desarrollada ya que la calibración de orientación se la puede realizar en tiempo real, por medio de la interfaz.

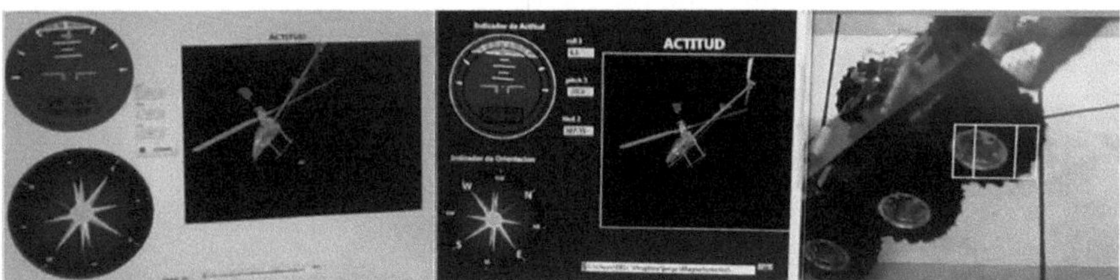

Figura 5.20 Comparación de respuesta de la IMU para un ángulo pitch (de derecha a izquierda: IMU comercial, IMU desarrollada, Plataforma móvil)

Adicionalmente se realizaron pruebas de respuesta para un ángulo de inclinación de roll, como se puede apreciar en la figura 5.21, nuevamente se presenta una variación en del ángulo de orientación, la IMU comercial presenta una mejor compensación del ángulo roll en la orientación, sin embargo no puede reflejar una orientación correcta, mientras que la orientación de la IMU desarrollada tiene un desvió con la inclinación pero el ángulo de orientación es más cercano al norte magnético real.

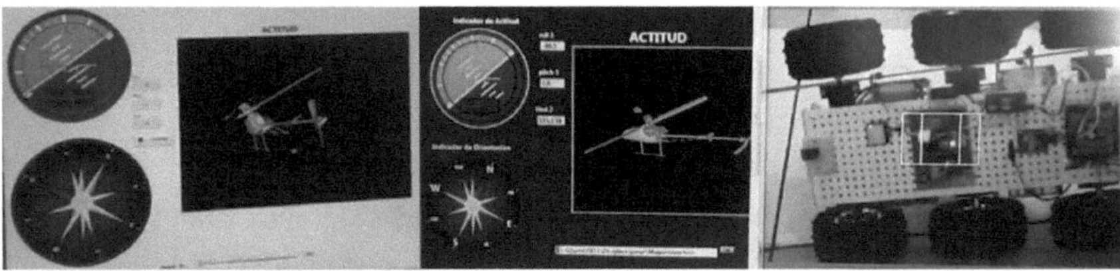

Figura 5.21 Comparación de respuesta para un ángulo roll (de derecha a izquierda: IMU comercial, IMU desarrollada, Plataforma móvil)

CAPÍTULO 6

CONCLUSIONES Y RECOMENDACIONES

6.1. CONCLUSIONES

- Al finalizar el proyecto, se muestra que los alcances y los objetivos propuestos fueron cumplidos satisfactoriamente, mostrando las diferenciarías existente entre los sensores inerciales, la manera de fusionar estos sensores mediante un Filtro de Kalman Extendido (FKE), como obtener orientación con referencia al norte magnético mediante un magnetómetro, además como calcular posición de un robot móvil mediante un Sistema de Navegación Inercial (INS).

- Todos los sensores inerciales tienen un bias indicado en la hoja de especificaciones de cada sensor. Si se utilizan métodos iterativos para calcular el valor deseado, ejemplo ángulos de Euler, este bias se va acumulando y por esta razón el valor deseado no será el correcto, por esta razón se utiliza una calibración para eliminar el bias.

- La calibración no quita el ruido de la señal original de los sensores inerciales, por lo cual en el caso del acelerómetro es necesario aplicar un LWMA (Linear Weighted Moving Average) para quitar el ruido de las medidas calibradas. En el caso de los giroscopios no se aplica un procedimiento adicional después de la calibración ya que el ruido de las señales de este sensor es despreciable respecto a la tolerancia de la medida que se indica en la hoja de especificaciones del giroscopio.

- El acelerómetro y el giroscopio entregan medidas con las que se puede calcular la actitud de un robot móvil, la diferencia es que en base a las medias del giroscopio se puede calcular los ángulos roll, pitch y yaw, mientras que en base a las medias del acelerómetro solo se puede calcular los ángulos roll y pitch.

- La decisión de elegir el sensor inercial para calcular la actitud, se basa en pruebas realizadas, donde también se compara con el valor entregado por un FKE que fusiona los dos sensores inerciales. Al finalizar las pruebas el FKE entrega un valor satisfactorio ante un evento real.

- Llegar a un compromiso entre la matriz Q (covarianza del error del sistema) y R (covarianza del error de la medida), debido que estas matrices definen la confiabilidad de la medida que tomara el FKE dependiendo de las necesidades de la aplicación. Si Q es pequeño, pesara más la medida del ángulo calculado en base al giroscopio y si R es menor que Q, la medida del ángulo calculado en base del acelerómetro tendrá mayor peso.

- La ventaja más destacable de utilizar un FKE es que corrige el error acumulable que se produce al utilizar un método iterativo, ejemplo Rugen-Kutta, para calcular la actitud de un robot móvil.

- Para obtener una referencia en la orientación se emplea una brújula digital, la cual es construida a partir de dos magnetómetros en el eje x y y los mismos que requieren de una calibración previa para eliminar los efectos de interferencia de otras fuentes de radiación electromagnética y que se evidencian al producirse rotaciones en el plano horizontal.

- Al realizar una rotación de la plataforma, los magnetómetros describen una curva rotada y trasladada, la cual debe transformarse en un círculo centrado en el origen con lo cual se puede aplicar directamente la tangente inversa para obtener el ángulo de orientación con respecto al norte magnético.

- La calibración de los acelerómetros depende de la aplicación que se va a desarrollar, la sensibilidad a la cual se calibra el sensor está en función del desplazamiento a medir, es decir para pequeños desplazamientos la sensibilidad debe ser mayor que para desplazamientos grandes.

- Para estimar la de posición de un cuerpo mediante acelerómetros es necesario acondicionar las señales que estos entregan antes de realizar las integraciones correspondientes, esto debido a que la aceleración tiene una componente continua y otra dinámica siendo necesaria solamente esta última para el cálculo correspondiente de posición.

- El sistema de navegación inercial diseñado presenta un error en la estimación de posición que es típica de estos sistemas, debido a interferencias producidas en la señal del acelerómetro y que no se pueden eliminar en su totalidad, debido a estos efectos si la plataforma se desplaza en una trayectoria cerrada esta nunca regresará exactamente a la posición de origen, haciéndose este efecto más notorio a medida que la plataforma experimenta un mayor número de desplazamientos, se puede minimizar estos efectos mediante una integración del INS a un GPS.

6.2. RECOMENDACIONES

- Las limitaciones del procesador en el desarrollo del sistema de navegación inercial se pueden superar mediante un sistema embebido más robusto como una FPGA (Field Programing Gate Array), que al mismo tiempo permiten desarrollar enlaces de mayor alcance y mejoras significativas en el procesamiento de señales provenientes de los sensores.

- Para minimizar efectos de ruido e interferencias, se puede incorporar al sistema de navegación inercial sensores que presenten compensaciones integradas, esto es en lugar de usar magnetómetros se puede utilizar un compás digital, acelerómetros y giroscopios con filtros integrados a las salidas.

- Revisar la existencia de software de código libre relacionada al tema del proyecto y con el mismo lenguaje de programación, para familiarizarse con la estructura de programación.

- Utilizar instrumentación comercial relacionada al proyecto, por ejemplo una IMU, para visualizar los resultados deseados y realizar comparaciones de medidas con el proyecto concluido.

- Todo proyecto debe realizarse secuencialmente, comenzando por simulación de todos los sistemas, seguidos por la implementación en plataformas de pruebas y finalizando con la implementación en la aplicación.

- Para continuar con el proyecto del autopiloto en un UAV, principalmente se debe obtener el modelo del UAV y en base a ese modelo compensar ante perturbaciones los ángulos de Euler (pitch, roll y yaw) obtenidos mediante la IMU desarrollada en este proyecto de titulación.

REFERENCIAS BIBLIOGRÁFICAS

[1] WOODMAN, Oliver, "An introduction to inertial navigation", University of Cambridge, Agosto 2007
http://triplanets.com/sites/default/files/UCAM-CL-TR-696.pdf

[2] Inertial engineering international, Inc., "Attitude Heading Reference Systems (AHRS) and Inertial Navigation Systems (INS)."
http://www.inertialengineeringinternational.com/inssystems.htm

[3] SIOURIS, George M., "Aerospace Avionics Systems", EEUU, 1993

[4] MINGUEZ, Antoni, "Integración Kalman de sensores inerciales INS con GPS en un UAV", proyecto final de carrera, abril 2009.

[5] JEKELI, Christopher, "Inertial Navegation Systems with Geodetic Applications", 2001
http://books.google.com.ec/books?hl=es&lr=&id=YRaCD-JHsecC&oi=fnd&pg=PA1&dq=navigation+accelerometer+inertial&ots=0P2L54Wa-L&sig=OYHld8jAKPqyeL7ESJ94zryhVlk#v=onepage&q=navigation%20accelerometer%20inertial&f=false

[6] Novatel, "Attitude – Pitch/Rol/Yaw"
http://www.novatel.com/solutions/attitude/

[7] Carreras, Ángel, "Ángulos de Euler", presentación digital.
http://www.slideshare.net/tito.carrreras/ngulos-de-euler-1477463#btnNext

[8] Maginvent, "Acelerómetros".
http://www.maginvent.org/articles/sensorartht/Acelerometros.html

[9] Solid State Technology, "Introduction to MEMS gyroscopes".

http://www.electroiq.com/articles/stm/2010/11/introduction-to-mems-gyroscopes.html

[10] ST, "LSM303DLM", manual, abril 2011.
http://cse.unl.edu/~carrick/courses/2012/236/LSM303DLM.pdf

[11] CASANOVA, Leonardo, "Sistema de Posicionamiento Global por Satélites GPS", presentación digital.
http://webdelprofesor.ula.ve/ingenieria/lnova/Archivos/PowerPoint/SISTEMA%20DE%20POSICIONAMIENTO%20GLOBAL.pdf

[12] CAMARENA, José, "El filtro de Kalman", presentación digital.
http://lc.fie.umich.mx/~camarena/FiltroKalman.pdf

[13] RODRÍGUEZ, Patricia, "Aplicación del Filtro de Kalman al Seguimiento de Objetos en Secuencias de Imágenes", proyecto final de carrera, 2003.
http://www.etsii.urjc.es/~asanz/documentos/MemoriaKalmanJun03.pdf

[14] JANÓS, Tomás, "Precision Agriculture", 2008.
http://www.tankonyvtar.hu/hu/tartalom/tamop425/0032_precizios_mezogazdasag/ch02s04.html

[15] "LSM303DLM" Guía de usuario.
http://cse.unl.edu/~carrick/courses/2012/236/LSM303DLM.pdf

[16] "ITG 3200" manual, 2010.
http://www.sparkfun.com/datasheets/Sensors/Gyro/PS-ITG-3200-00-01.4.pdf

[17] MARTINEZ, David, "Protocolo de comunicación I2C", blog.
http://www.quadruino.com/guia-2/sensores/protocolo-i2c-twi

[18] "Estándar IEEE 802.15.4"

http://catarina.udlap.mx/u_dl_a/tales/documentos/lem/archundia_p_fm/capitulo4.pdf

[19] MIGUELINO, "Módulos Xbee", 2009
http://qubits.wordpress.com/2009/04/04/esquematico-de-conexionado-y-montaje-de-modulos-xbee/

[20] "The NMEA 0183 Protocol"
http://www.tronico.fi/OH6NT/docs/NMEA0183.pdf

[21] FERRER, Gonzalo, "Integración Kalman de sensores inerciales INS con GPS en un UAV", 2009.
http://upcommons.upc.edu/pfc/bitstream/2099.1/6930/1/memoriadef.pdf

[22] Aerospace Avionics Systems, George M. Siouris, 1993, San Diego California

[23] "Using LSM303DLH for a tilt compensated electronic compass"
http://spacegrant.colorado.edu/COSGC_Files/Robotics/Workshop%20Resources/LSM303%20AppNote.pdf

[24] "POLOLU TREX DUAL MOTOR CONTROLLER DMC01"
http://www.pololu.com/catalog/product/777/resources

[25] Indicadores de tendencia, "Moving Average".
http://www.metatrader5.com/es/terminal/help/analytics/indicators/trend_indicators/ma

[26] Wikipedia, "Rugen – Kutta methods".
http://en.wikipedia.org/wiki/Runge%E2%80%93Kutta_methods

[27] "Introducción a HMI"
http://iaci.unq.edu.ar/materias/laboratorio2/HMI/Introduccion%20HMI.pdf

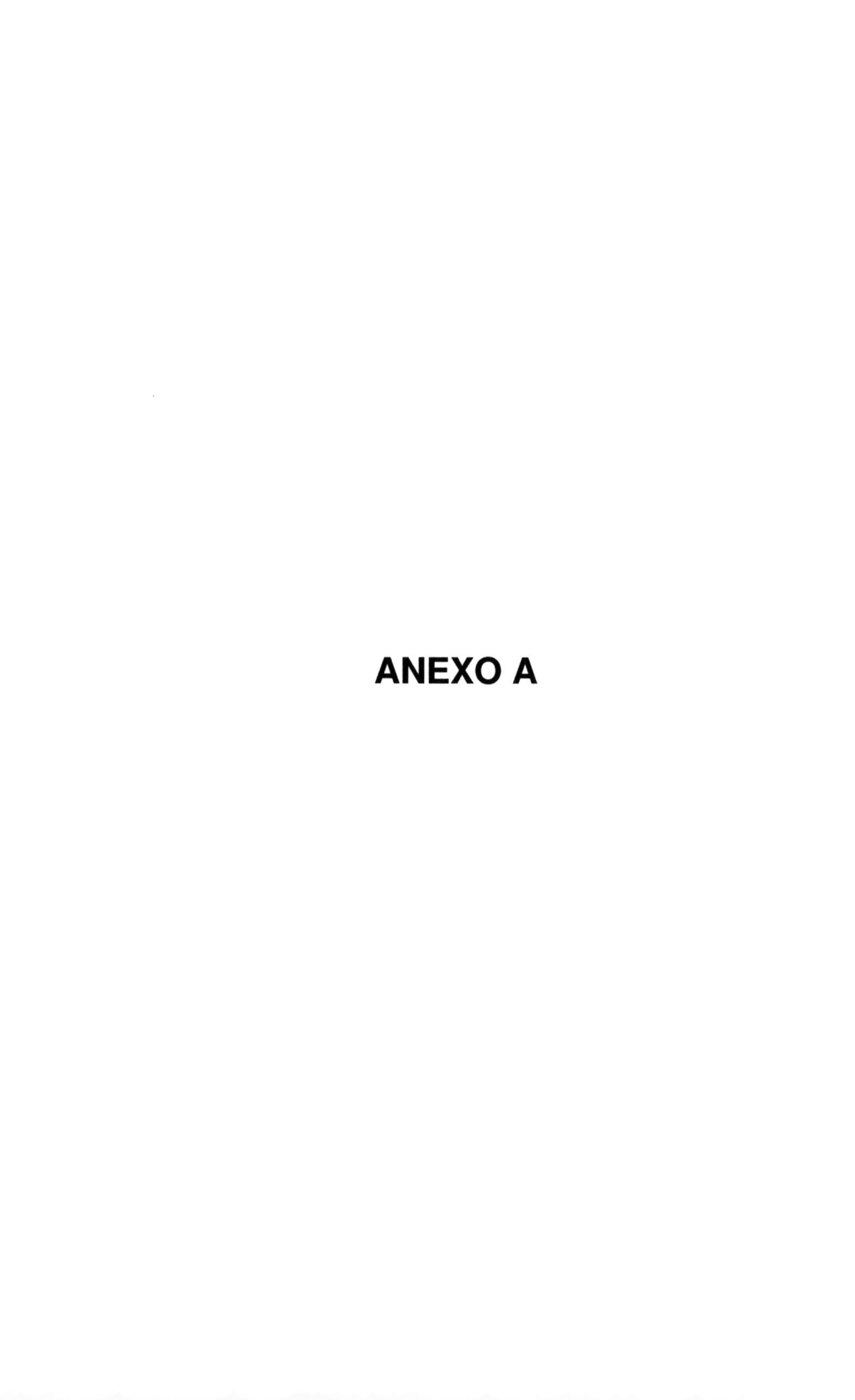

ANEXO A

Manual de usuario del HMI del Sistema de Navegación Inercial (INS)

El HMI del INS consta de un panel principal en el cual se encuentran todos los bloques de análisis del sistema.

Figura1. Panel principal del HMI

Se tienen los siguientes bloques:

- Adquisición de Datos
- Sistema de Actitud
- Sistema de Posición
- Sistema de Orientación
- Modo de pruebas
- Posicionamiento por GPS

1.- Adquisición de Datos

La adquisición de datos consta de visualizadores para cada una de las señales provenientes del microcontrolador, adicionalmente se puede ver la trama que se está recibiendo en cada instante, como los datos se encuentran encerrados dentro de una trama, puede darse el caso en el cual el envío y recepción de datos se interrumpa en cuyo caso se debe suspender el HMI y proceder a guardar los datos recibidos hasta ese instante.

Los visualizadores en función del tiempo permiten una mejor precepción de los datos más relevantes que en este caso son la de los acelerómetros y giroscopios.

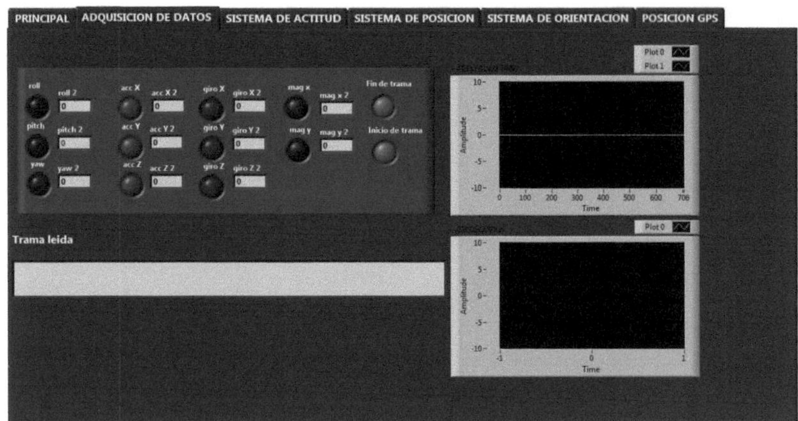

Figura 2. Pantalla para la adquisición de datos

2.- Sistema de Actitud

Para la visualización de la actitud de la plataforma se ha empleado un modelo 3d junto con un visualizador de ángulos de roll y pitch.

Para visualizar el modelo 3d es necesario llamar a la ubicación del mismo ya que este es un archivo externo a labview, para esto se cuenta con un buscador, no es necesario cargar el archivo para ejecutar la aplicación, se puede realizar la búsqueda incluso una vez ejecutado el HMI se pueden cargar solamente archivos con la extensión .stl, automáticamente aparecerá una imagen que se comportara en función de los ángulos de roll, pitch y yaw.

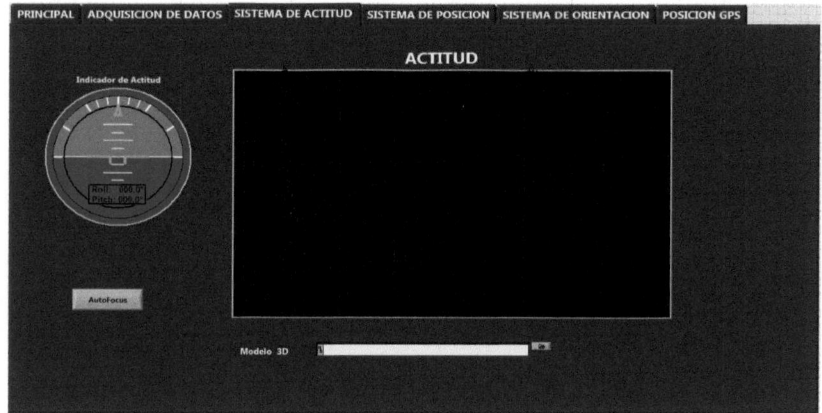

Figura 3. Pantalla para la visualización de actitud

La opción de autofocus permite que la imagen se centre y se ajuste a las dimensiones del visualizador 3d, es importante siempre tener presionado este botón antes de cargar el modelo de lo contrario será imposible la visualización si las dimensiones del modelo 3d sobrepasan a las del visualizador.

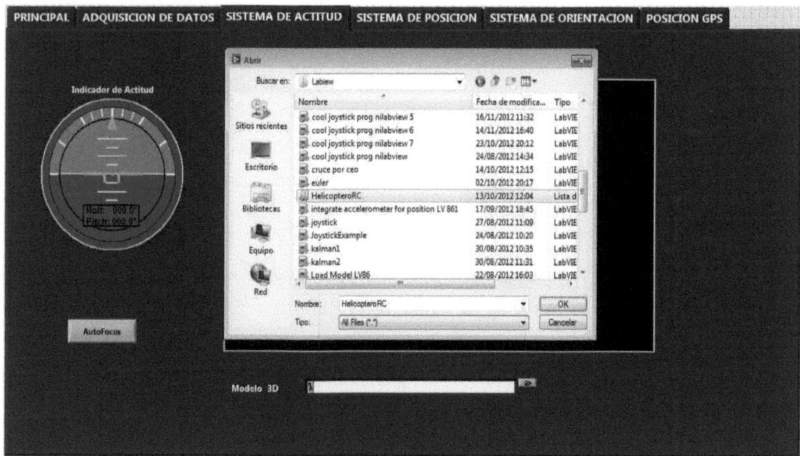

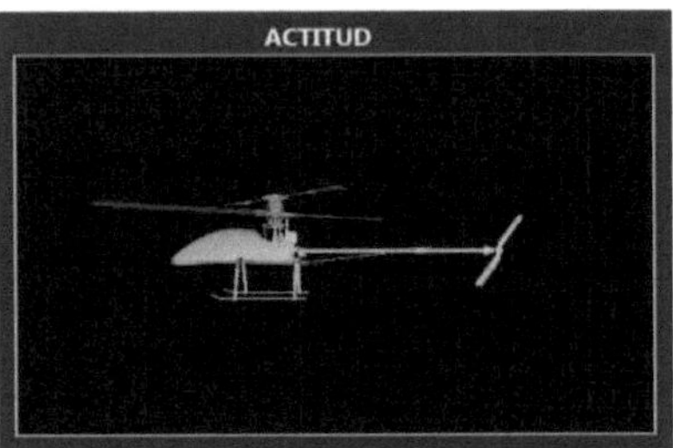

Figura 4. Como llamar al modelo .stl

3.- Sistema de Posición

En el sistema de posición se puede visualizar el desempeño de la plataforma a medida que esta se desplaza, como el movimiento de la plataforma es en el plano se tiene un visualizador de las coordenadas xy que va tomando la plataforma a medida que se desplaza, los visualizadores en el tiempo permite ver de mejor forma el comportamiento de los desplazamientos en cada uno de los ejes, por último el modelo 3d del vehículo se desplaza en función de la velocidad instantánea e indica la posición a lo largo del tiempo.

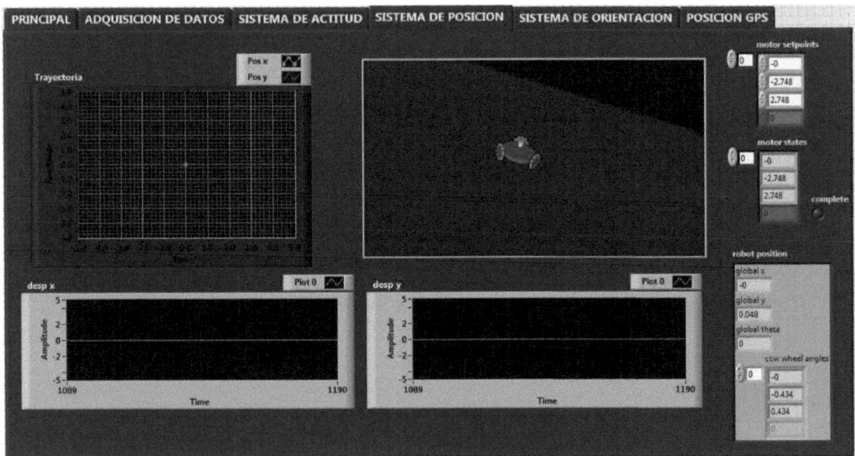

Figura 5. Pantalla para la visualización de posición

4. Sistema de Orientación

El sistema de orientación consta de un visualizador del campo magnético x y y así como de un indicador del norte magnético, adicionalmente y como se ha mencionado en el desarrollo del presente proyecto, siempre es necesaria una calibración previa del sistema de orientación debido a que el entorno en el que se va a manejar la plataforma no siempre es el mismo.

Los botones cumplen las siguientes funciones:
A2 = aumenta la diagonal del eje x
B2 = Aumenta la diagonal del eje y
x-shift = Desplaza la curva a lo largo del eje x
y-shift = Desplaza la curva a lo largo del eje y

Variando cada uno de estos parámetros se puede calibrar manualmente la orientación del INS.

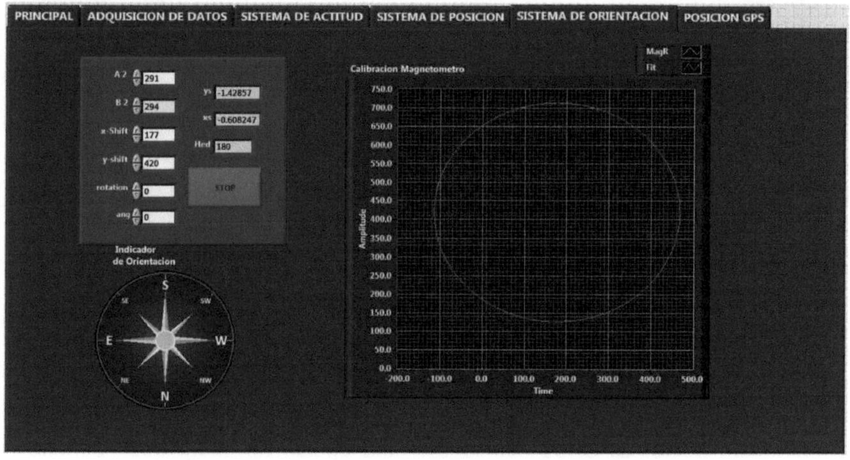

Figura 6. Pantalla para la visualización de orientación

4.- Modo de Pruebas

Para el modo de pruebas se tiene la posibilidad de observar las señales de aceleración con y sin las calibraciones correspondientes, lo cual es muy importante para dar a conocer la respuesta de los acelerómetros en cada punto de integración.

Estas señales se han tomado en los dos ejes en los cuales se desplaza la plataforma, como la integración para calcular la velocidad y la posición no se pueden visualizar directamente es necesario contar con un visualizador gráfico que permita crear un historial de comportamiento de estas variables.

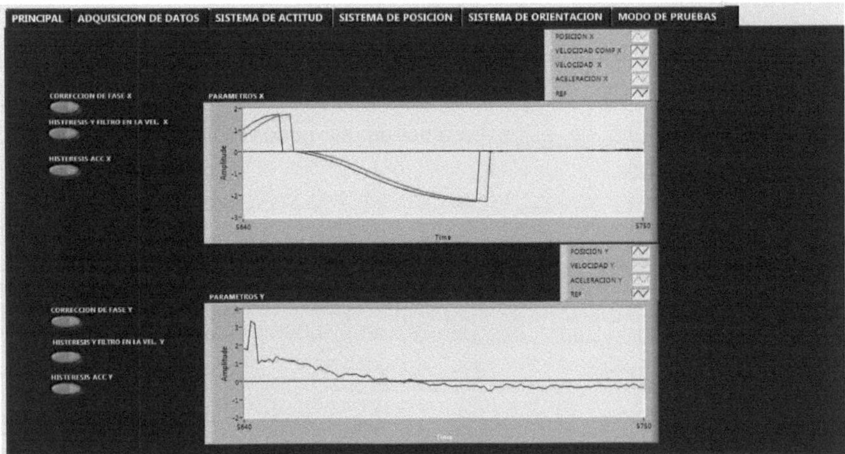

Figura 7. Pantalla para la visualización de pruebas de aceleración

5.- Posicionamiento por GPS

Se puede apreciar la ubicación de la plataforma por medio de la longitud y latitud entregada por el GPS, se cuenta con una opción de zoom que permite una visualización a nivel macro ya que los cambios de longitud y latitud son imperceptibles para desplazamientos muy cortos menos de 1 m.

Adicionalmente se puede observar la dirección de la cual se extrae la aplicación para la visualización del mapa, con sus respectivos indicadores.

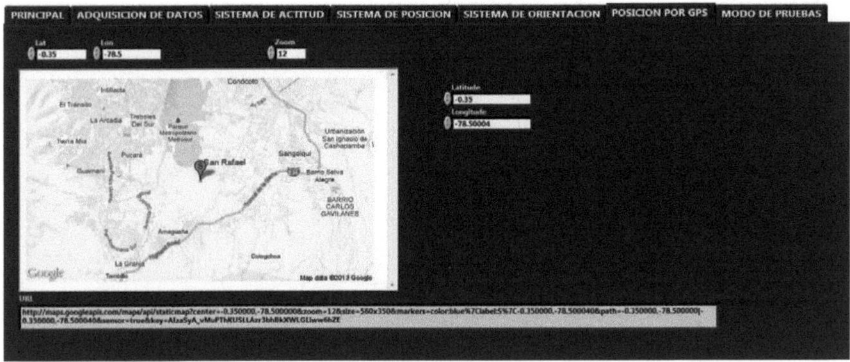

Figura 8. Pantalla para la visualización de posicionamiento por GPS

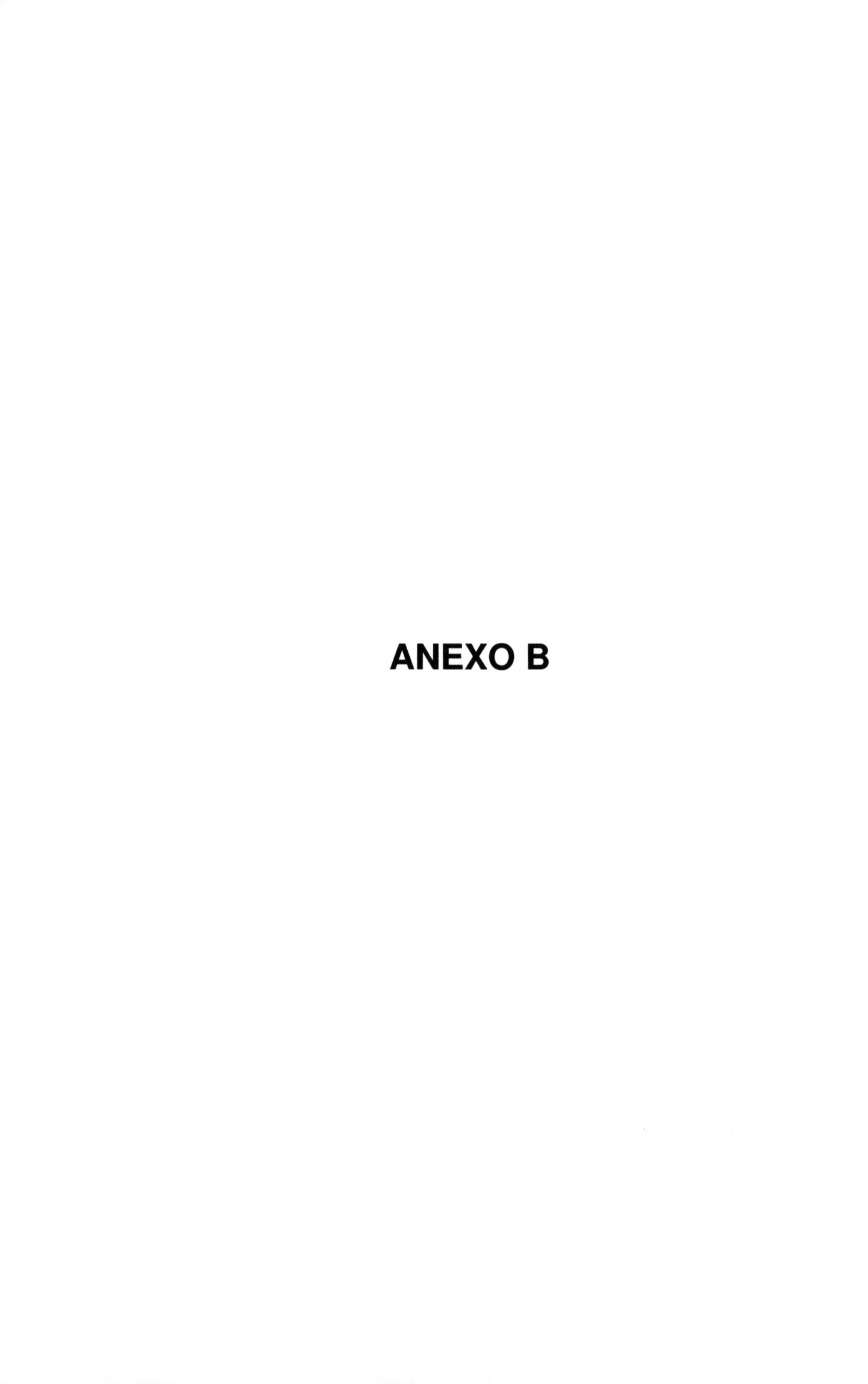

ANEXO B

3-Axis, ±2 *g*/±4 *g*/±8 *g*/±16 *g* Digital Accelerometer

ADXL345

FEATURES

Ultralow power: as low as 40 μA in measurement mode and 0.1 μA in standby mode at V_S = 2.5 V (typical)
Power consumption scales automatically with bandwidth
User-selectable resolution
- **Fixed 10-bit resolution**
- **Full resolution, where resolution increases with *g* range, up to 13-bit resolution at ±16 *g* (maintaining 4 m*g*/LSB scale factor in all *g* ranges)**

Embedded, patent pending FIFO technology minimizes host processor load
Tap/double tap detection
Activity/inactivity monitoring
Free-fall detection
Supply voltage range: 2.0 V to 3.6 V
I/O voltage range: 1.7 V to V_S
SPI (3- and 4-wire) and I²C digital interfaces
Flexible interrupt modes mappable to either interrupt pin
Measurement ranges selectable via serial command
Bandwidth selectable via serial command
Wide temperature range (−40°C to +85°C)
10,000 *g* shock survival
Pb free/RoHS compliant
Small and thin: 3 mm × 5 mm × 1 mm LGA package

APPLICATIONS

Handsets
Medical instrumentation
Gaming and pointing devices
Industrial instrumentation
Personal navigation devices
Hard disk drive (HDD) protection
Fitness equipment

GENERAL DESCRIPTION

The ADXL345 is a small, thin, low power, 3-axis accelerometer with high resolution (13-bit) measurement at up to ±16 *g*. Digital output data is formatted as 16-bit twos complement and is accessible through either a SPI (3- or 4-wire) or I²C digital interface.

The ADXL345 is well suited for mobile device applications. It measures the static acceleration of gravity in tilt-sensing applications, as well as dynamic acceleration resulting from motion or shock. Its high resolution (4 m*g*/LSB) enables measurement of inclination changes less than 1.0°.

Several special sensing functions are provided. Activity and inactivity sensing detect the presence or lack of motion and if the acceleration on any axis exceeds a user-set level. Tap sensing detects single and double taps. Free-fall sensing detects if the device is falling. These functions can be mapped to one of two interrupt output pins. An integrated, patent pending 32-level first in, first out (FIFO) buffer can be used to store data to minimize host processor intervention.

Low power modes enable intelligent motion-based power management with threshold sensing and active acceleration measurement at extremely low power dissipation.

The ADXL345 is supplied in a small, thin, 3 mm × 5 mm × 1 mm, 14-lead, plastic package.

FUNCTIONAL BLOCK DIAGRAM

V_S $V_{DD\ I/O}$
ADXL345
POWER MANAGEMENT
3-AXIS SENSOR
SENSE ELECTRONICS
ADC
DIGITAL FILTER
CONTROL AND INTERRUPT LOGIC
INT1
INT2
32 LEVEL FIFO
SERIAL I/O
SDA/SDI/SDIO
SDO/ALT ADDRESS
SCL/SCLK
GND
$\overline{CS}$
07925-001

Figure 1.

SPECIFICATIONS

$T_A = 25°C$, $V_S = 2.5$ V, $V_{DD\,I/O} = 1.8$ V, acceleration = 0 *g*, $C_S = 1$ µF tantalum, $C_{I/O} = 0.1$ µF, unless otherwise noted.

Table 1. Specifications[1]

Parameter	Test Conditions	Min	Typ	Max	Unit
SENSOR INPUT	Each axis				
Measurement Range	User selectable		±2, ±4, ±8, ±16		*g*
Nonlinearity	Percentage of full scale		±0.5		%
Inter-Axis Alignment Error			±0.1		Degrees
Cross-Axis Sensitivity[2]			±1		%
OUTPUT RESOLUTION	Each axis				
All *g* Ranges	10-bit resolution		10		Bits
±2 *g* Range	Full resolution		10		Bits
±4 *g* Range	Full resolution		11		Bits
±8 *g* Range	Full resolution		12		Bits
±16 *g* Range	Full resolution		13		Bits
SENSITIVITY	Each axis				
Sensitivity at X_{OUT}, Y_{OUT}, Z_{OUT}	±2 *g*, 10-bit or full resolution	232	256	286	LSB/*g*
Scale Factor at X_{OUT}, Y_{OUT}, Z_{OUT}	±2 *g*, 10-bit or full resolution	3.5	3.9	4.3	m*g*/LSB
Sensitivity at X_{OUT}, Y_{OUT}, Z_{OUT}	±4 *g*, 10-bit resolution	116	128	143	LSB/*g*
Scale Factor at X_{OUT}, Y_{OUT}, Z_{OUT}	±4 *g*, 10-bit resolution	7.0	7.8	8.6	m*g*/LSB
Sensitivity at X_{OUT}, Y_{OUT}, Z_{OUT}	±8 *g*, 10-bit resolution	58	64	71	LSB/*g*
Scale Factor at X_{OUT}, Y_{OUT}, Z_{OUT}	±8 *g*, 10-bit resolution	14.0	15.6	17.2	m*g*/LSB
Sensitivity at X_{OUT}, Y_{OUT}, Z_{OUT}	±16 *g*, 10-bit resolution	29	32	36	LSB/*g*
Scale Factor at X_{OUT}, Y_{OUT}, Z_{OUT}	±16 *g*, 10-bit resolution	28.1	31.2	34.3	m*g*/LSB
Sensitivity Change Due to Temperature			±0.01		%/°C
0 *g* BIAS LEVEL	Each axis				
0 *g* Output for X_{OUT}, Y_{OUT}		−150	±40	+150	m*g*
0 *g* Output for Z_{OUT}		−250	±80	+250	m*g*
0 *g* Offset vs. Temperature for x-, y-Axes			±0.8		m*g*/°C
0 *g* Offset vs. Temperature for z-Axis			±4.5		m*g*/°C
NOISE PERFORMANCE					
Noise (x-, y-Axes)	Data rate = 100 Hz for ±2 *g*, 10-bit or full resolution		<1.0		LSB rms
Noise (z-Axis)	Data rate = 100 Hz for ±2 *g*, 10-bit or full resolution		<1.5		LSB rms
OUTPUT DATA RATE AND BANDWIDTH	User selectable				
Measurement Rate[3]		6.25		3200	Hz
SELF-TEST[4]	Data rate ≥ 100 Hz, 2.0 V ≤ V_S ≤ 3.6 V				
Output Change in x-Axis		0.20		2.10	*g*
Output Change in y-Axis		−2.10		−0.20	*g*
Output Change in z-Axis		0.30		3.40	*g*
POWER SUPPLY					
Operating Voltage Range (V_S)		2.0	2.5	3.6	V
Interface Voltage Range ($V_{DD\,I/O}$)	V_S ≤ 2.5 V	1.7	1.8	V_S	V
	V_S ≥ 2.5 V	2.0	2.5	V_S	V
Supply Current	Data rate > 100 Hz		145		µA
	Data rate < 10 Hz		40		µA
Standby Mode Leakage Current			0.1	2	µA
Turn-On Time[5]	Data rate = 3200 Hz		1.4		ms
TEMPERATURE					
Operating Temperature Range		−40		+85	°C
WEIGHT					
Device Weight			20		mg

[1] All minimum and maximum specifications are guaranteed. Typical specifications are not guaranteed.
[2] Cross-axis sensitivity is defined as coupling between any two axes.
[3] Bandwidth is half the output data rate.
[4] Self-test change is defined as the output (*g*) when the SELF_TEST bit = 1 (in the DATA_FORMAT register) minus the output (*g*) when the SELF_TEST bit = 0 (in the DATA_FORMAT register). Due to device filtering, the output reaches its final value after 4 × τ when enabling or disabling self-test, where τ = 1/(data rate).
[5] Turn-on and wake-up times are determined by the user-defined bandwidth. At a 100 Hz data rate, the turn-on and wake-up times are each approximately 11.1 ms. For other data rates, the turn-on and wake-up times are each approximately τ + 1.1 in milliseconds, where τ = 1/(data rate).

PIN CONFIGURATION AND FUNCTION DESCRIPTIONS

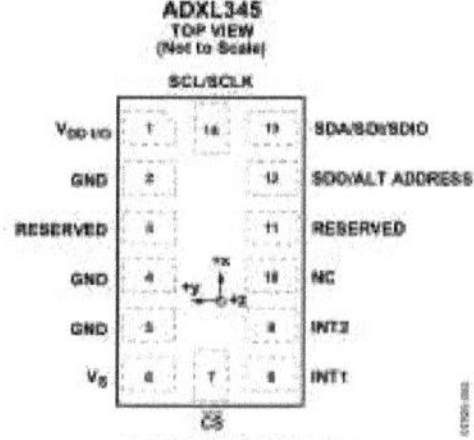

Figure 2. Pin Configuration

Table 4. Pin Function Descriptions

Pin No.	Mnemonic	Description
1	$V_{DD\,I/O}$	Digital Interface Supply Voltage.
2	GND	Must be connected to ground.
3	Reserved	Reserved. This pin must be connected to V_S or left open.
4	GND	Must be connected to ground.
5	GND	Must be connected to ground.
6	V_S	Supply Voltage.
7	$\overline{CS}$	Chip Select.
8	INT1	Interrupt 1 Output.
9	INT2	Interrupt 2 Output.
10	NC	Not Internally Connected.
11	Reserved	Reserved. This pin must be connected to ground or left open.
12	SDO/ALT ADDRESS	Serial Data Output/Alternate I²C Address Select.
13	SDA/SDI/SDIO	Serial Data (I²C)/Serial Data Input (SPI 4-Wire)/Serial Data Input and Output (SPI 3-Wire).
14	SCL/SCLK	Serial Communications Clock.

AXES OF ACCELERATION SENSITIVITY

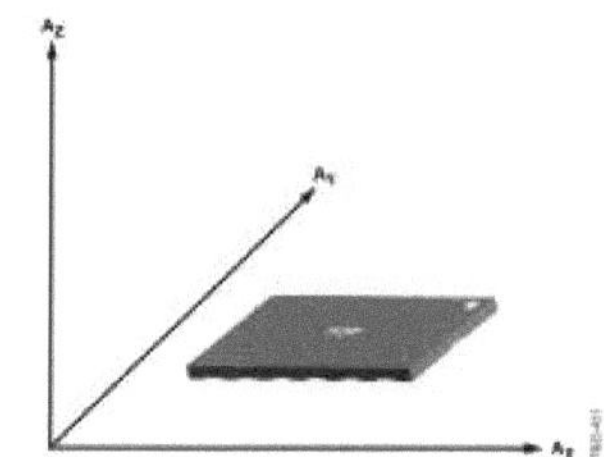

Figure 16. Axes of Acceleration Sensitivity (Corresponding Output Voltage Increases When Accelerated Along the Sensitive Axis)

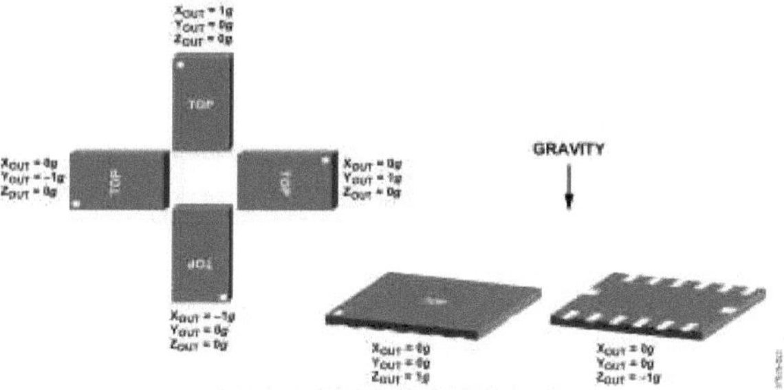

Figure 17. Output Response vs. Orientation to Gravity

ITG-3200
Product Specification
Revision 1.4

3 Electrical Characteristics

3.1 Sensor Specifications

Typical Operating Circuit of Section 4.2, VDD = 2.5V, VLOGIC = 1.71V to VDD, T_A=25°C.

Parameter	Conditions	Min	Typical	Max	Unit	Note
GYRO SENSITIVITY						
Full-Scale Range	FS_SEL=3		±2000		°/s	4
Gyro ADC Word Length			16		Bits	3
Sensitivity Scale Factor	FS_SEL=3		14.375		LSB/(°/s)	3
Sensitivity Scale Factor Tolerance	25°C	-6		+6	%	1
Sensitivity Scale Factor Variation Over Temperature			±10		%	2
Nonlinearity	Best fit straight line; 25°C		0.2		%	6
Cross-Axis Sensitivity			2		%	6
GYRO ZERO-RATE OUTPUT (ZRO)						
Initial ZRO Tolerance			±40		°/s	1
ZRO Variation Over Temperature	-40°C to +85°C		±40		°/s	2
Power-Supply Sensitivity (1-10Hz)	Sine wave, 100mVpp; VDD=2.2V		0.2		°/s	5
Power-Supply Sensitivity (10 - 250Hz)	Sine wave, 100mVpp; VDD=2.2V		0.2		°/s	5
Power-Supply Sensitivity (250Hz - 100kHz)	Sine wave, 100mVpp; VDD=2.2V		4		°/s	5
Linear Acceleration Sensitivity	Static		0.1		°/s/g	6
GYRO NOISE PERFORMANCE	**FS_SEL=3**					
Total RMS noise	100Hz LPF (DLPFCFG=2)		0.38		°/s-rms	1
Rate Noise Spectral Density	At 10Hz		0.03		°/s/√Hz	2
GYRO MECHANICAL FREQUENCIES						
X-Axis		30	33	36	kHz	1
Y-Axis		27	30	33	kHz	1
Z-Axis		24	27	30	kHz	1
Frequency Separation	Between any two axes	1.7			kHz	1
GYRO START-UP TIME	**DLPFCFG=0**					
ZRO Settling	to ±1°/s of Final		50		ms	6
TEMPERATURE SENSOR						
Range			-30 to +85		°C	2
Sensitivity			280		LSB/°C	2
Temperature Offset	35°C		-13,200		LSB	1
Initial Accuracy	35°C		TBD		°C	
Linearity	Best fit straight line (-30°C to +85°C)		±1		°C	2, 5
TEMPERATURE RANGE						
Specified Temperature Range		-40		85	°C	

Notes:

1. Tested in production
2. Based on characterization of 30 pieces over temperature on evaluation board or in socket
3. Based on design, through modeling and simulation across PVT
4. Typical. Randomly selected part measured at room temperature on evaluation board or in socket
5. Based on characterization of 5 pieces over temperature
6. Tested on 5 parts at room temperature

4 Applications Information

4.1 Pin Out and Signal Description

Number	Pin	Pin Description
1	CLKIN	Optional external reference clock input. Connect to GND if unused.
8	VLOGIC	Digital IO supply voltage. VLOGIC must be ≤ VDD at all times.
9	AD0	I²C Slave Address LSB
10	REGOUT	Regulator filter capacitor connection
12	INT	Interrupt digital output (totem pole or open-drain)
13	VDD	Power supply voltage
18	GND	Power supply ground
11	RESV-G	Reserved - Connect to ground.
6, 7, 19, 21, 22	RESV	Reserved. Do not connect.
20	CPOUT	Charge pump capacitor connection
23	SCL	I²C serial clock
24	SDA	I²C serial data
2, 3, 4, 5, 14, 15, 16, 17	NC	Not internally connected. May be used for PCB trace routing.

Top View

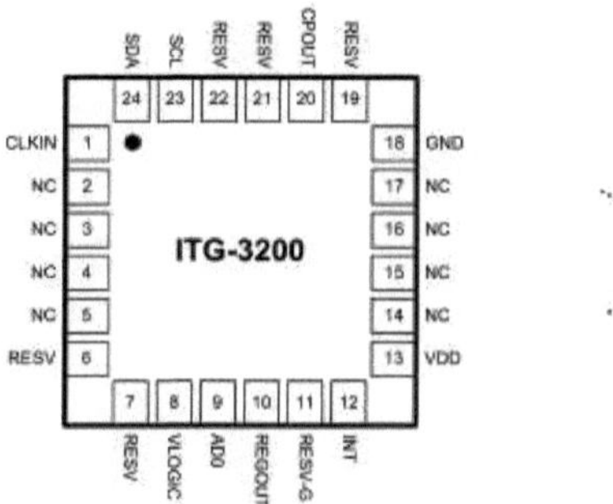

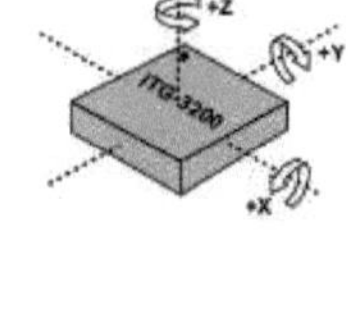

QFN Package
24-pin, 4mm x 4mm x 0.9mm

Orientation of Axes of Sensitivity and Polarity of Rotation

Functional Overview

Block Diagram

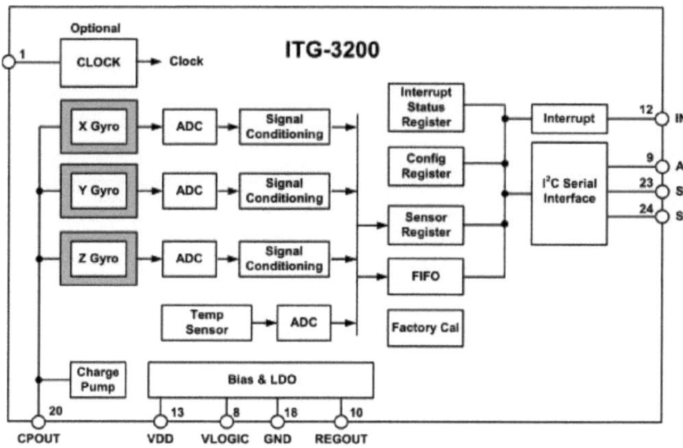

LSM303DLM

Sensor module: 3-axis accelerometer and 3-axis magnetometer

Preliminary data

Features

- Analog supply voltage: 2.16 V to 3.6 V
- Digital supply voltage IOs: 1.8 V
- Power-down mode
- 3 magnetic field channels and 3 acceleration channels
- ±1.3 to ±8.1 gauss magnetic field full-scale
- ±2 *g*/±4 *g*/±8 *g* dynamically selectable full-scale
- High performance g-sensor
- I²C serial interface
- 2 independent programmable interrupt generators for free-fall and motion detection
- Accelerometer sleep-to-wakeup function
- 6D orientation detection
- ECOPACK®, RoHS, and "Green" compliant

Applications

- Compensated compass
- Map rotation
- Position detection
- Motion-activated functions
- Free-fall detection
- Intelligent power-saving for handheld devices
- Display orientation
- Gaming and virtual reality input devices
- Impact recognition and logging
- Vibration monitoring and compensation

Description

The LSM303DLM is a system-in-package featuring a 3D digital linear acceleration sensor and a 3D digital magnetic sensor.

LGA-28L (5x5x1.0 mm)

The various sensing elements are manufactured by using specialized micromachining processes, while the IC interfaces are realized using a CMOS technology that allows the design of a dedicated circuit which is trimmed to better match the sensing element characteristics. The LSM303DLM has a linear acceleration full-scale of ±2 *g* / ±4 *g* / ±8 *g* and a magnetic field full-scale of ±1.3 / ±1.9 / ±2.5 / ±4.0 / ±4.7 / ±5.6 / ±8.1 gauss, both fully selectable by the user.

The LSM303DLM includes an I²C serial bus interface that supports standard mode (100 kHz) and fast mode (400 kHz). The system can be configured to generate an interrupt signal by inertial wakeup/free-fall events, as well as by the position of the device itself. Thresholds and timing of interrupt generators are programmable on the fly by the end user.

Magnetic and accelerometer parts can be enabled or put into power-down mode separately. The LSM303DLM is available in a plastic land grid array package (LGA), and is guaranteed to operate over an extended temperature range from -40 to +85 °C.

Table 1. Device summary

Part number	Temp. range [°C]	Package	Packing
LSM303DLM	-40 to +85	LGA-28	Tray
LSM303DLMTR			Tape and reel

Pin description

Figure 2. Pin connection

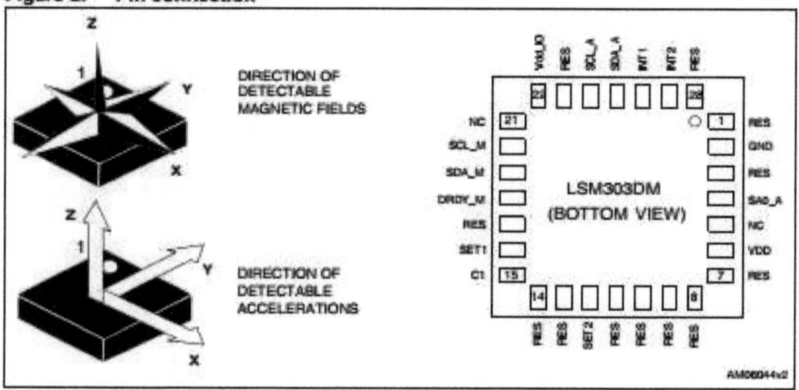

Table 2. Pin description

Pin#	Name	Function
1	Reserved	Connect to GND
2	GND	0 V supply
3	Reserved	Connect to GND
4	SA0_A	Linear acceleration signal I^2C less significant bit of the device address (SA0)
5	NC	Internally not connected
6	Vdd	Power supply
7	Reserved	Connect to Vdd
8	Reserved	Leave unconnected
9	Reserved	Leave unconnected
10	Reserved	Leave unconnected
11	Reserved	Leave unconnected
12	SET2	S/R capacitor connection (C2)
13	Reserved	Leave unconnected
14	Reserved	Leave unconnected
15	C1	Reserved capacitor connection (C1)
16	SET1	S/R capacitor connection (C2)
17	Reserved	Connect to GND
18	DRDY_M	Magnetic signal interface data ready
19	SDA_M	Magnetic signal interface I^2C serial data (SDA)

Block diagram and pin description

Block diagram

Figure 1. Block diagram

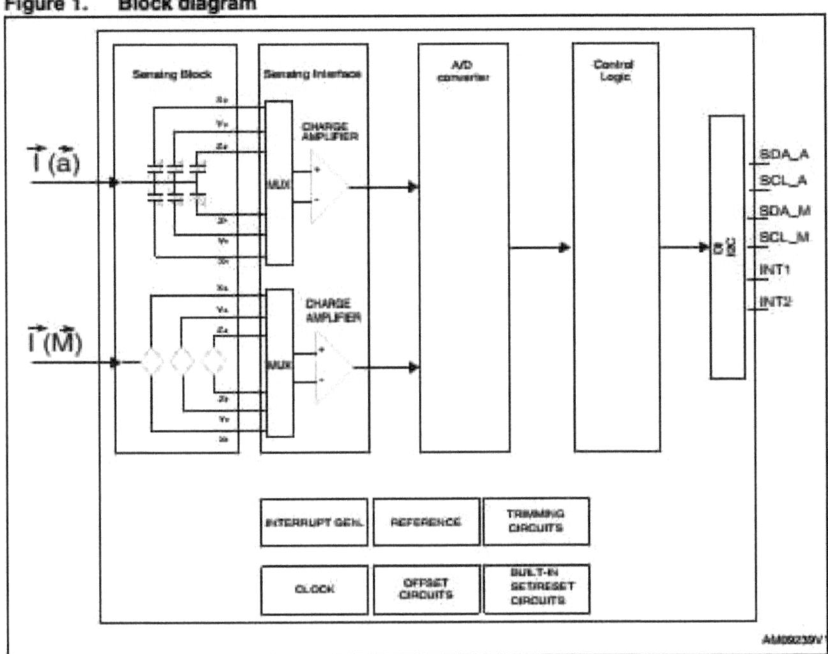

Printed by Books on Demand GmbH, Norderstedt / Germany